십삼인의 아해

십삼인의 아해

김순정 지음

생각과느낌

장엄중학교 3-1

김혜수

개학 날부터 황사다.

입에서 모래 맛이 난다. 누런 모래바람이 운동장을 쓸며 지나간다. 바람은 먼 사막에서 날아온 메뚜기 떼처럼 시끄럽다. 나는 고개를 푹 숙이고 교문을 지나간다. 인생이란 황사 바람 속을 걷는 것. 나는 낙타다. 발은 묵직하고 등에 달린 혹은 나를 짓누른다. 푹푹, 모래에 파묻힌다.

"야!"

가방을 잡아당기는 목소리에 나는 멈칫한다. 머리카락이 쭈뼛 선다.

장세균 수학 선생을 우리는 '세균'이라 부른다. 수학뿐 아니라 대부분의 선생님을 선생님이라 부를 수 없다. 존경심 없이 '님' 자를 붙일 수는 없다. 나는 위선적인 사람이 싫다. 그래서 그냥 이름을 부르는 거다. 물론 없는 데서이지만. 언젠가 어떤 사람이 강도를 가리켜 '그분이', '그러시는데' 하며 존댓말 하는 걸 보고 한심하게 느꼈다. 웃기는 일이다. 웃기고 한심하게 되지 않으려면 솔직해야 한다.

"자기 욕망에 솔직해야 해. 그래야 행복해져."

자화상 그리기 시간에 미술 선생님이 했던 말이다.

자화상과 욕망과 행복이 어떤 연관이 있는지 잘 모르겠다. 다만 자기가 원하는 게 뭔지 알아야 행복해진다는 뜻으로 이해했다. 당연한 말 아닌가?

나는 뭘 원하지?

대답하기 어렵다. 어릴 때는 고양이가 차에 치어 죽은 걸 보고는 수의사가 되고 싶었고, 스펙트럼을 지나는 다양한 빛줄기를 보고는 과학자가 되고 싶었다. 그리고……. 예전에 나는, 나에게서 원하는 게 많았다. 하지만 이제는 없다.

미술 선생님은 좀 특이했다. 휴대용 나무 이젤을 들고 미술실로 들어올 때면 그녀의 환하고 명랑한 미소에 학생들은 모두 활짝 웃곤 했다. 드로잉 시범을 보이기 위해 삐걱거리는 나무틀을 왼손으로 잡고 연필은 오른손에 쥐고 앉아 있을 때면 이젤은 베틀처럼 보였다. 베 짜는 모습을 실제로 본 적도 없는데 말이다.

베틀은 백 년은 넘었을 것처럼 반들반들하고 모서리는 둥글게 마모되어 있고, 빨주노초파남보 물감들이 뚝뚝 떨어져 말라 있었다. 마른 물감은 마녀의 마법 재료처럼, "행복하고 싶니? 그럼, 이거랑 이거랑……." 하면서 떼어 내 섞으면 소원약이 만들어질 것 같았다. 낙서도 부러웠다. '파미르 고원에 서다', '몽마르트르 언덕에서', '프라하의 강물을 보며' 등에서 자유로움이 보였다. 열정이 느껴졌다. 집시 여인의 자유와 열정 같은 것. 과연 집시 여인처럼 1년이 지나자 훌쩍 떠나 버렸다. 형식적인 송별회도 없었다. 나는 서운함조차도 못 느꼈다. 그동안 1년 단위 계약으로 왔다가 떠난 선생님들이 너무 많아서 이젠 아무렇지도 않다. 좀 괜찮다 싶은 선생님은 다 떠난다.

세균이 불러 세운 건 내가 아니었다.

오늘도 세균의 머리는 기름지다. 머리를 안 감는 건지 기름 바르는 걸 좋아하는 건지. 저 머리를 만졌던 손에 내가 안 걸려서 휴, 다행이다.

"자네는 머리가 없습니까? 몇 번 말해야 입력이 됩니까?"

세균이 강지성의 가슴을 쿡쿡 찌르며 소리친다. 지성은 머리를 긁적이며 유치원생처럼 웃고 있다.

나는 종종 매점에서 지성을 보곤 한다. 지성은 쉬는 시간에 날쌔게 달려가서 빵과 콜라를 봉지 가득 사 가지고 또 날쌔게 달린다. 먼지바람을 일으키며 광야를 달리는 까만 퓨마 같았다. 하지만 장엄중학교에는 퓨마가 필요 없다. 김승기 같은 경주마만 필요할 뿐이다. 시야 차단 장비를 쓰고 앞만 내달리는 경주마만 있으면 된다.

오늘도 김승기는 교문 옆 선도부들 사이에 서 있다. 선도부는 주로 2학년이 하니까 3학년이 되면 이제 안 볼까 했는데 개학 날이라서인지 여전히 서 있다. 팔에 나치 군장처럼 '선도부' 띠를 두르고 교문 앞에 의기양양 서 있다. 입이 쓰다. 저런 자식하고 같은 학교가 되어 매일 아침 교문에서 보며 지내다니. 그래도 불행 중 다행이라면 같은 반이 된 적은 없다는 것이다.

"교복 안에 체육복 입지 말랬지요!"

세균의 입에서 거품 섞인 침이 튀어나온다.

지성은 세균이 몸에 전염이라도 될까 싶은지 목과 어깨를 움찔움찔 한다. 지성은 오늘도 교복 안에 줄무늬 축구복을 입고 있다. 등판에 4번이 새겨진 축구 티셔츠. 지성에게 축구복은 속옷 같다. 아니, 피부 같다.

"운동장 열 바퀴!"

세균이 귀찮다는 듯이 버럭 소리치자 지성은 "네! 감사합니다." 하며 꾸벅 인사하고 운동장을 향해 뛴다.

치, 뭐가 감사해?

나는 입을 비죽거리며 걷는다. 뛰어가던 지성이 나를 힐끔 보더니 씨익 웃는다. 놀이터에서 온종일 놀던 개구쟁이가 누나를 발견하고 반갑게 웃는 얼굴 같다. 나는 얼굴이 빨개지는 것 같아 얼른 고개를 돌린다. 키 큰 은행나무 세 그루, 키 작은 화단의 꽃들, 그 사이 장엄하게 서 있는 학교 설립자 동상, 그 옆에 목련나무. 목련꽃이 하얀 주먹을 들어 '와와' 하며 놀린다. 유치원 아이들 손바닥 같다.

"띠리리릭 띠리리릭 파란불이 켜졌습니다. 건너가도 됩니다."

뒤통수에서 신호음이 울린다.

내가 잠시 멍하니 있는 사이 지성은 건물 세 개를 지나치고 있다.

본관 건물이면서 1학년 교실과 음악실이 있는 '성공관'을 총알처럼 달리더니, 2, 3학년 교실이 있는 '승리관'을 곡선으로 지나치고, 식당과 시청각실이 있는 '단련관'을 향해 내달리고 있다.

앗, 이러다 지각하겠다.

나는 얼른 승리관 입구로 달린다.

배정된 '3-1'로 간다.

앞문으로 간다.

앞문으로 가고 싶지 않지만 어쩔 수 없다. 좌석 배치도를 봐야 하니까.

여기 장엄중학교는 1등을 중심으로 해서 2등, 3등, 4등……소용돌이 모양으로 학생을 앉힌다. 학생과 학부모, 선생님 누구나 책상 자리만 봐도 몇 등인지 알 수 있다. 교실은 자연스럽게 공부 잘하는 중심부 아이들과 공부 못하는 주변부 아이들로 나뉜다.

나는 입학하면서부터 줄곧 주변부에 앉아 있다.
앞문 유리창에 붙은 좌석 배치도가 눈에 들어온다.
충격의 연속이다.

3학년 1반 좌석 배치도

다음은 2학년 2학기 기말고사 성적에 의한 좌석 배치도입니다.
3학년 1학기 중간고사 성적에 의해 좌석이 재배치됨을 알리니,
학생 여러분은 분발하기 바랍니다.

			32등 김지오	31등 강지성
26등 신예인	27등 정건희	28등 김혜수	29등 박민주	30등 우다은
25등 배성호	10등 서지원	11등 전소용	12등 정혜진	13등 김수빈
24등 박규란	9등 윤성은	2등 서성혁	3등 한 준	14등 이한나
23등 신건우	8등 윤여빈	1등 유서지	4등 박우현	15등 송재형
22등 이지현	7등 방주영	6등 김승기	5등 조현용	16등 조민구
21등 윤화석	20등 권경욱	19등 이민서	18등 나홍현	17등 정상현
		담임 장세균		

내가 28등에 앉아야 하다니! 김승기 자식과 같은 반이라니! 게다가 장세균이 담임이라니! 오 마이 갓! 원수는 외나무다리에서 만나고, 전생에 풀지 못한 업은 이승에서 다시 만난다고 엄마가 그랬는데. 도대체 풀어야 할 게 뭘까. 어디 멀리 아무도 없는 데로 떠나고 싶다.

다 싫다. 인간으로 태어난 게 싫다.

나는 앞문에서 몸을 돌려 뒷문으로 간다. 털레털레 걷는다.

햇살에 비친 뿌연 먼지가 보인다. 손을 뻗어 잡아 보려 한다. 아무것도 안 잡힌다. 먼지는 눈에 보였다가 사라진다. 나도 사라졌으면 좋겠다. 허공에서. 공기처럼. 먼지처럼. 뒷문으로 가는 짧은 시간 동안 나는 정말 간절히 바란다. 누가 우리 학교에 불을 질러 줬으면……누가 우리 학교에 폭탄 테러를 해 줬으면……우리 교실만이라도, 아니 앞문이라도. 지구는 도대체 언제 망하는 거야!

나는 좌석 배치도를 조각조각 찢어 벚꽃처럼 허공에 날리는 상상을 하며 책상에 앉는다.

교실은 너무 시끄럽다.

웅성웅성. 3학년 개학 날이니까. 할 말이 많겠지.

28등 책상.

이 자리에 앉을 때마다 28등을 곱씹겠지. 어쩌면 어떤 선생님은 "28등? 뒤에서 5등이네. 뒤에서 5등아, 이 문제 풀어 봐." 하며 시킬지도 모른다. 그러면 아이들은 웃을 거고, 웃고 나면 아이들 머리에는 내 이름 '김혜수'가 아니라, 내 번호 '25번'도 아니라 — 25번은 또한 여자 1번이기도 한데 — '여자 1번'이 아니라 '뒤에서 5등'으로 각인 될 거다.

선생님들의 말은 이상한 힘이 있다.

말도 안 되는 말을 하면 우리는 겉으로 "에이, 뻥!" 하면서도 속으로는 믿는 구석이 있다. 믿고 싶은 건지도 모르지만. 아무튼 아무리 무식해 보이는 선생도 이상한 말의 힘을 가지고 있는 것 같다. '뒤에서 5등'은 구린 느낌을 준다. 구린 느낌 때문에 얼마 가지 않아 나는 '찌질이'로 변할 수 있다. 그러다 전교에서 따돌림 당할 수도 있다. 불행은 언제나 작은 데서 시작하니까. 전따가 되느니 차라리 죽어 버릴까? 어디서 어떻게 죽을까? 지금은 어디서 어떻게 죽을지 생각나지 않지만 그때 되면 생각이 날 거다. 유서는 써야 할까 말아야 할까?

"당연히 써야지."

한나가 말했다.

작년 겨울 방학 때였다. 과제물 때문에 만났는데 과제물보다는 자살한 아이에 대해 더 말을 많이 했다. 한나는 그 아이가 유서를 써야 했다면서, 누가 어떻게 괴롭혔는지 다 밝혀서 가해자가 평생 죄책감을 가지고 살게 해야 한다고 주장했다.

하긴 유서를 쓰는 게 안 쓰는 것보다는 나은 것 같다. 엄마 아빠한테 미안하다는 말은 해야 하니까. 얼마나 슬프겠어……. 아……그렇다면 어쩌면 누구 하나 슬퍼해 줄 것 같지 않아서 유서도 안 쓰는 건가…….

그때 나는 이렇게 말했다.

"자살로 복수를 한다고?"

나는 콧방귀를 뀌었다.

"유서 때문에 죄책감을 가질 인간이라면 가해하지도 않았어. 너 말대로 가해자가 죄책감을 느낄 양심이라도 가지고 있다면 상대방을 볼 때마다 찔리겠지. 그런데 양심을 찌르던 피해자가 눈앞에서 사라진다면, 죽어서 영영 이 세상에서 보이지 않게 된다면 오히려 속으로 좋아하지 않겠어?"

그러니까 자살은 복수가 될 수 없다 뭐 그런 말을 했는데, 한나는 내 말을 들으면서 큰 눈이 더 커지고 있었다. 그러더니 입을 열었다.

"넌 참 인간에 대해 회의적이구나."

"과제물 하지 말고 같이 유서나 쓸까?"

나는 웃었다. 황사 바람처럼 탁하고 건조한 웃음이었다.

한나도 따라 웃었다. 구겨진 시험지 같았다. 지난 학기에 24등이었던 한나.

"24번이 24등 했네. 번호랑 깔 맞췄냐? 자알 했다."

작년에 담임이 한나에게 했던 말이다.

1학기 기말고사 꼬리표를 나눠 주며 비아냥거렸다. 그 말을 듣고 아이들이 따라 웃었다. 여드름 때문에 빨간 한나 얼굴이 더 빨갛게 변했다.

아이들은 그때부터 한나를 24등이라 불렀다. 그러면서 재미있어했다.

나는 아이들이 한나를 싫어하거나 미워해서 그런 건 아니라고 생각한다.

그냥 사는 게 재미없어서다. 지루하고 따분해서. 놀고 싶은데 시간도 없고 공부는 하는데 등수는 안 오르고 그래서 공부하기 싫고 ‘에라, 모르겠다 놀자.’ 하는 마음이 있는데, 그럴 때 놀이 비슷한 게 나타나면 달려든다. 한여름 땡볕에 놓인 사탕에 달려드는 벌 떼처럼. 심심하던 차에 잘됐다 하면서. 탐욕스럽게 달려드는 거다. 독이 묻은 사탕이라도 상관하지 않을 거다. 관심 밖이다. 어쩌면 달디단 사탕을 먹다가 죽기를 바라는 건지도 모른다.

방학을 지나면서 아이들 머리에는 다른 게 들어차기도 한다. 한나는 그때 이후 공부로 자기를 채웠나 보다. 이번에 14등이다. 나는 28등인데.

한나는 아직 안 왔다. 나는 14등 자리를 보다가 창밖을 바라본다.

화단에 꽃들이 제법 폈던데 꽃향기가 여기까지 올라오지는 않는다. 하늘은 여전히 뿌옇다. 붉은 흙탕물이 가득 깔린 것 같다. 흙탕물 하늘이라니.

"담임이 세균이라니."

"우린 이제 끝이다."

"책상이 이게 뭐냐."

"맘에 안 들어."

아이들이 내뱉는 불만들이 교실을 흔든다. 신고 있는 실내화 바닥에서 미세한 진동이 느껴진다. 진동은 벽을 타고 오른다. 칠판 위에 있는 급훈이 눈에 들어온다.

'중3이다!'

작년 담임이 후렴구처럼 했던 말이 떠오른다.

"성공의 비결은 아침형 인간이 되는 거다. 맘 편히 자다간 낙오자 된다."

갑자기 눈이 감긴다. 피곤하고 졸리다. 우리 학교 아이들 대부분은 눈자위가 푸르스름하다.

'아침형 인간'으로 유명한 애는 김승기다. 아마도 김승기는 어른한테 잘 보이는 걸 성공의 비결로 여기겠지. 전교에서 유일하게 수행평가를 모두 만점 맞은 승기는 성공 가도를 달리겠지.

하지만 일류 고등학교로 열심히 달려가도 거기서 쉴 수 있는 건 아니다. 일류 고등학교라는 데를 가면 일류 대학에 진학하는 게 성공의 비결이라고 할 거고, 일류 대학에 들어가면 대기업에 취업하는 게 성공의 비결이라고 할 거고, 대기업에 취업하고 나면 돈을 많이 버는 것이고, 돈을 많이 벌고 나면……돈을 많이 벌고 나면…….

돈을 많이많이 벌어도 결국은 늙어 죽을 텐데. 그때는 또 잘 죽는 게 성공의 비결이 되려나. 정말 인생은 가도 가도 끝이 없다.

"에이, 씨발! 개학 날부터 수업이라니. 거지 같은 학교."

내 옆의 옆 책상, 뒷문 바로 앞 책상에 가방을 던지며 어떤 여자애가 소리친다.

나도 모르게 쳐다보았는데 눈이 마주쳤다. 예쁜 얼굴이다. 여자애는 나를 보더니 눈을 치뜨며 말한다.

"씨발, 뭘 봐?"

"아, 아아 아니야."

나는 어색하게 웃는다.

여자애는 의자에 털썩 앉더니 가방을 베개 삼아 엎드린다. 소독약 냄새가 난다.

욕하는 소리를 들었을 텐데 아무도 상관하지 않는다. 자기 일이 아니니까. 사막의 모래들. 모두 사람처럼 앉아 수다를 떨고 있지만 사람이 아니다. 각자 모래알일 뿐이다. 모래알들이 자기 책상에서 말을 하는 거다. 흙도 아니다. 흙이 아닌 모래들. 사막의 모래들. 물을 잡아 두지 못하는 모래. 뿌리를 잡아 주지 못하는 모래. 씨앗을 담아 두지 못하는 모래. 서로 엉기고 섞이지 않는, 기대지 않는 모래. 우리들은 사막의 모래알. 한 알의 모래. 또 한 알의 모래…….

"28등이구나."

등을 치는 소리에 나는 사막에서 교실로 돌아온다. 한나다.

"으응. 너는?"

나는 알면서도 묻는다.

"난 저기."

한나는 웃으며 자기 자리를 가리킨다. 창가 줄의 앞에서 네 번째 책상. 한나 가방이 보인다.

"14등이네."

나는 축하한다는 표정을 짓는다.

하지만 내 마음은 물기 하나 없는 식물처럼 축 늘어져 있다.

내 마음을 속일 수는 없다. 사실 작년 2학년 2학기 기말고사 성적으로 3학년 때 주변부에 앉을 걸 예상했다. 그런데 한나가 중심부를 향해 가고 있는 걸 직접 보니까 야릇한 기분이 든다. 먹은 게 소화가 안 되는 것처럼 속이 더부룩하다. 머릿속에는 쥐 한 마리가 깔짝거리는 것처럼 불쾌하다.

"너 여드름 되게 많아졌다."

한나 얼굴을 내가 손가락으로 가리키며 말한다.

"그렇지?"

한나가 이마를 만지며 입을 삐죽 내민다. 빨간 화산에 노란 분화구가 뿅뿅 난 여드름.

"몇 개야? 하나 둘 셋 넷 다섯……."

"야, 세지 마! 세면 더 많아진단 말이야."

"여섯 일곱 여덟……."

얼굴이 벌겋게 된 한나가 내 손을 치우려 하고 나는 더 세려 하며 옥신각신 하다가, 한나가 멈칫 하더니 앞쪽을 본다. 나도 고개를 돌려 본다. 정상현이다. '미래의 우리 작가님'도 같은 반이다.

작년에 기술·가정 선생이 정상현 별명을 붙여 주었다.

"지금이 소설 쓰는 시간이니? 지금은 기술·가정을 배우는 시간이야. 내 수업 시간이라고. 얘, 말 좀 해 봐. 응? 미래의 우리 작가님."

기·가 선생이 상현이 코앞에 공책을 흔들며 말했다.

필기를 중요하게 여기는 기·가 선생은 불시에 공책 검사를 해서 점수를 깎곤 했는데, 그때 상현이 소설을 쓰다가 걸린 거였다. 그때부터 상현이만 보면 "미래의 우리 작가님께서 오늘은 소설 안 쓰시나? 미리 사인 좀 받아야겠다, 얘." 했다.

이번에 상현이 자리는 맨 앞줄이라 수업 시간에 몰래 글쓰기는 어려울 것 같다.

아니다. 중심부 아이들 공부만 방해하지 않는다면 상관하지 않을 거다. 중3이니까 더 그럴 거다. 입시생이니까. 낙오자는 버리고 성공할 아이들만 챙길 테니까.

"무슨 냄새야?"
한나가 코를 킁킁댄다.
애는 절대 후각이 있다. 점심 식단을 냄새만 맡고 다 알아낸다.
"그렇지? 병원 소독약 냄새 같기도 하고."
한나가 코를 벌름거리며 냄새에 집중한다.
"소독약 냄새는 아닌데. 술 냄새야. 맥주나 막걸리 같은 것도 아니고, 양주도 아닌 것 같고. 소주 같은데."
"어떻게 알아? 넌 그 술을 다 먹어 봤니?"
"아니. 먹어 봐야 아니?"
한나가 히히거리며 웃는다. 시작종이 울린다. 한나는 안녕, 손을 흔들며 자기 자리로 돌아간다. 나도 손을 흔들며 "안녕." 한다. 아주 안녕, 하고 싶다. 친구들은 물론이고 이 학교까지 모두 '안녕.' 하고 싶다.

여기 장엄시 장엄중학교는 유명한 게 몇 개 있다.
우선 설립자가 유명하다. 근현대사 역사책에도 나오고, 인터넷 뉴스에도 종종 뜬다. 해마다 8월이면 어떤 단체에서 '반민족 친일 행위자 동상 철거'라는 팻말을 들고 교문 앞에서 시위를 한다.

또 유명한 건 중학교 수학능력시험에서 '전국 1등'을 50년 넘게 유지한 학교라는 것이다. 그 비결이 뭐냐고 묻는 교육방송 기자에게 교장은 "교실 책상 배치에 있습지요." 하고 말하며 엄지손가락을 치켜세웠다.

자살률이 높은 것도 유명하다. 작년에 학교 옥상에서 뛰어내려 자살한 학생이 있었다. 5층 높이에서 떨어져도 죽는 모양이다. 다른 건물도 아닌 자기가 다니는 학교에서 자살하는 바람에 텔레비전 뉴스에도 나왔다. 방송국에서 기자들이 취재하러 오고, 학교에서는 학생들의 입을 막느라 쉬는 시간 복도와 방과 후 교문 밖까지 선생님들이 돌아다녔다.

그 후 옥상에는 그물망이 설치되었다. 아이들은 다들 옥상에 올라가기를 꺼렸다. 가끔 올라가서 운동장을 내려다보기도 하고 원두막에 앉아 수다 떠는 것도 좋았는데.

조회 시간이다.

"휴대폰 다 저기 넣어라. 전원 끄고."

담임이 '휴대폰 수거함'을 가리키며 말한다. 1학년 조회 때부터 늘 하는 일이다. 다 걷은 후 수거함은 자물쇠로 잠근 다음 부회장이 보관한다. 급하게 전화 할 일이 생기면 부회장이 열어서 건네준다. 세균이 가정통신문을 돌리며 말한다.

"보면 알겠지만, 3학년은 특별히 전교 등수를 표기하기로 했다. 상당히 번거로운 일이지만 너희들 성적 향상을 위해 하는 일이니까, 그렇게 알고 다들 분발해라."

한숨 소리가 절로 나온다.

가정통신문은 과학 고등학교와 외국어 고등학교, 자율형 고등학교 진학을 준비하는 학생들을 위해 전교 등수를 기재한다는 내용이었다. 뒷면을 보니 3월 식단표가 있다. 친절하게도 원산지와 알레르기 유발 식품이 표시돼 있다. 오늘의 메뉴는 강황밥과 영양닭곰탕, 비엔나케첩볶음, 무말랭이무침, 배추김치, 멜론이다. 노란색, 붉은색, 붉은색, 또 붉은색, 붉은색, 연두색. 색깔 조합이 영 맘에 안 들지만, 연두색 멜론이 있어서 그나마 봐줄 만하다.

"인생에서 중학교 3학년이 얼마나 중요한지 알아? 한번 계산해 보자."

또 시작이다.

세균은 틈만 나면 그놈의 '습관의 경제학' 이론을 편다.

좋은 습관이 돈을 벌게 한다는 거다. 처음 들었을 때는 신선했다. 공감하면서 열심히 공부해야지 했는데, 모든 걸 돈으로만 보니까 짜증이 난다.

"지금 십 분 공부했다고 치자. 자, 십 분을 돈으로 따지면 얼마나 될까?"

“백 원입니다.”

누군가 대답한다. 작년에 백 원이라고 한 걸 나도 기억한다.

“너희들은 백 원 줄 테니 운동장 십 분 뛰라고 하면 뛰겠어?”

아이들이 웃는다.

“만 원은 줘야 합니다.”

1등 앞에 앉은 김승기가 말한다. 세균이 이를 드러내며 웃는다. 누런 금니가 보인다.

“6등이 현실적이네. 주변부 애들은 백 원이라도 주면 뛰겠지만 우리 승기 같은 중심부 애들은 만 원은 줘야 하지. 그래, 십 분을 만 원으로 해서 계산해 보자. 십 분 공부가 십 년 후에 얼마가 되는지. 십 분 공부를 은행 펀드에 넣어 투자했다고 생각해 보는 거야. 우선 십 년을 분으로 환산해 보면…….”

세균이 뒤돌아서 분필을 잡는다.

흰색 분필이 초록 판 위를 또각또각 걷고 바스러지면서 찌익찌익 비명을 지른다.

“십 분에 만 원. 일 분에 천 원. 한 시간은 육십 분. 일 년은…….”

“오십이만 오천육백 분입니다.”

중심부에서 대답한다. 세균은 계속 써 나간다.

“십 년이면 오백이십오만 육천 분으로…….”

수학 시간 같다. 졸리다. 하품을 한다. 눈물이 나온다. 아이들 뒤통수가 흐려진다. 우물을 내려다 볼 때처럼 어룽어룽하다.

"그래. 너희들이 지금 십 분씩 공부하면 미래에 오십이억 오천육백만 원을 버는 거다. 알았냐?"

말이 되는 것 같기도 하고 아닌 것 같기도 하다. 김승기가 무슨 말을 하려는 듯 손을 들었다가 내린다.

"두만강 푸른 물에 노 젓는 뱃사공……."

휴대폰 벨이 울린다. 세균의 몸에서 나는 소리다.

"어마마마께서 전화를 하셨네."

세균은 벨 소리만 듣고 안다.

"이만 조회 끝."

출석부를 흔들며 앞문으로 나간다.

1교시 사회 시간이다.

선생님이 뒷문으로 들어오고 있다.

대부분 선생님들은 앞문으로 들어온다. 좌석 배치도를 보며 씩 웃고는 의기양양 들어오는데 그때마다 '나는 어른이라 이런 거 안 당한다.'라고 말하는 것처럼 보인다.

사회 선생님은 내 옆을 스쳐 지나 앞으로 간다. 은은한 박하향이 난다. 시원한 바람이 스친다. 임시 반장이 일어선다. 임시 반장은 당연히 1등이 한다. 이런 '당연'은 도대체 누가 만들었는지 모르겠다. 남학생은 1번부터 시작하고, 여학생은 25번부터 시작한다는 당연 말이다.

"차렷!"

처음 보는 선생님이다. 웃고 있지만 긴장해 보인다. 새로 온 선생님인가? 화장도 안 하고 머리 염색도 안 했다. 희끗희끗한 머리카락이 그대로 보인다.

"선생님께 경례!"

학생들이 인사하고 사회 선생님도 고개 숙여 인사한다. 그러고는 뒤돌아서 칠판에 쓴다.

'바다'

"나는 여러분이 몇 등인지는 관심 없어요. 이름에는 관심이 많아요."

교실이 조용하다. 잠시 여인의 이젤이 떠오른다.

"나를 부를 때는 선생님이라 하지 말고 그냥 '바다'라고 부르세요."

바다라는 이름의 사회 선생님이 부드럽게 웃는다.

"여러분도 각자, 들으면 기분 좋아지는 이름을 정해 보세요. 그렇게 불러 달라고 친구들과 선생님들한테 말하는 거예요. 그러면 기분이 좋아져서 공부도 잘될 거예요."

역시 공부다. 아무리 괜찮아 보이는 선생님도 결론은 땅땅땅, 공부.

"중간고사 범위를 미리 말할게요."

그러면 그렇지. 선생들이란 시험 볼 생각밖에 없는 건가.

아이들이 소리 지르며 난리다. 바다는 아랑곳 않고 칠판에 쓴다.

'1단원 자원의 의미와 이동 ～3단원 자원의 효율적 이용'

"10쪽 펴세요."

아이들이 투덜대며 책이나 공책을 책상에 치며 법석인데, 교실 가운데 앉은 대여섯 명은 허리를 꼿꼿이 세우고 로봇처럼 앉아 있다.

김승기가 일어선다.

"선생님, 수행평가는 안 하십니까?"

바다는 손짓으로 앉으라고 하며 입을 연다.

"그냥 앉아서 말하고, 편하게 바다라고 부르세요. 수행평가는 날을 정해서 별도로 시행하지는 않습니다. 대신 시험지 마지막 문제가 수행평가에 해당하는 문제가 될 겁니다. 자원에 관해 서술하라는……."

김승기가 바다 말을 자르고 벌떡 일어선다.

"몇 점짜리입니까, 선생님?"

바다가 승기를 보고 빙긋이 웃으며 대답한다.

"50점."

깜짝 놀랐다.

아이들이 꽥꽥 소리 지른다. 졸음이 다 달아났다. 아주 지독한 선생을 만났다. 50점이라니. 너무 크다. 이번 사회 성적도 물 건너가나.

"시험에 관해 또 물어볼 게 있으면 말하세요. 이후부터는 시험 얘기 안 할 겁니다."

상현이 손을 들고 뭐라고 말했는데 잘 들리지 않았다. 바다가 상현에게 가서 귀를 기울여 듣는다. 그러고는 크게 말한다.

"육백 자 이상 쓰는 거고, 형식은 자유롭게. 자원에 관해서 반드시 자기 생각을 써야 합니다."

여전히 교실은 웅성웅성 시끄럽다.

"책 보세요. 1단원. 자원의 의미와 이동. 자원이란 인간의 생활과 경제 생산에 해당하는 모든 원료를 말합니다."

출렁이던 교실이 조금씩 가라앉기 시작한다.

바다는 조용하지만 엄한 음성으로 설명한다.

"우리 모두에게는 각자 다른 개성 있는 자원이 있습니다."

한낮의 폭죽

김승기

폭죽이 터졌다. 폭죽 터지는 소리가 왼쪽 귀에서 났다.

이어서 한 발 더. 오른쪽 귀에서도 터졌다. 폭죽 터지는 소리가 총성처럼 길고 날카롭게 귓속을 파고든다. 교문, 횡단보도, 빨간 신호등, 뛰어가는 아이들……. 시야가 뿌옇게 흐려진다. 다리에 힘이 풀린다. 피가 빠져나가는 느낌이다.

"왜 그래?"

옆에 있는 지성이다. 나는 어금니를 문다. 하나 둘, 하나 둘, 하나 둘……. 토끼뜀을 뛰던 때를 떠올리려 한다. 잘 떠오르지 않는다.

"괜찮냐? 너 아까 세균한테 마……."

"입 닥쳐! 괜찮다고 했지. 왜 자꾸 물어? 아까 뭐? 뭐? 무슨 일 있었어?"

눈치 없는 새끼.

소리치고 나니, 몸에 피가 도는 모양이다. 뿌옇던 시야가 정상으로 돌아온다. 흑인 노예처럼 새까만 녀석이 걱정스런 표정으로 보고 있다. 어깨에서 가방이 흘러내리는 것도 모른다.

"야, 가방."

내가 손으로 어깨를 가리키자 히죽거리며 가방을 똑바로 멘다. 양쪽 어깨에 멘 가방 때문에 셔츠 앞자락이 벌어져 있다. 파란색과 자주색의 세로줄 무늬 옷. FC 바르셀로나 축구복. 자기가 무슨 '소시오[Socio, 시민 구단의 시민 주주]'라도 되는 양 잘난 척은. 공부도 못하는 주제에.

내가 묻는다.

"폭죽 소리 못 들었나?"

"어, 정말?"

지성이 고개를 젖히고 하늘을 보며 중얼거린다.

"불꽃놀이 할 거라고 했어. 벌써 하나……."

나도 하늘을 본다. 폭죽 시험 발사라도 하는 걸까? 하늘은 뿌옇다. 태양은 보이지 않는다. 뿌옇고 탁한 하늘에 뿌옇고 하얀 뭉게구름이 떠 있다. 불꽃의 비읍도 보이지 않는다. 하얀 뭉게구름을 보니, 만지고 싶다. 부드럽고 따뜻할 것 같다.

어제 나는 말을 탔다. 부드러운 말을 타고 질주했다. 캄캄한 우주, 무중력 공간을 달리는 것 같았다. 타임머신을 타고 시간을 가로지르는 것 같았다. 발바닥에서부터 찌르는 느낌이 올라왔다. 나는 말의 목을 조르듯 두 손으로 꼭 잡았다. 털이 없는 말이었다. 엄마 가슴에 손을 집어넣은 느낌이었다. 아주 부드러웠다. 여태 느껴 보지 못한, 이 세상에는 없을 듯한 부드러움이었다. 부드러움이 날카롭게 꿰뚫었다. 아랫배에서 머리까지 올라왔다. 흰색 갈기가 내 얼굴을 쓰다듬었다. 나는 얼굴을 말의 갈기에 묻었다. 짜릿함과 포근함 속에 영원히 있고 싶었다. 어디선가 으앙으앙 아기 울음소리가 들려왔다. 어느새 나는 안방 문 앞에 서 있었다. 침대 옆 옷걸이가 꿈틀거리고, 파란색 골프복이 말했다. "못난 놈!" 나는 주위를 둘러보았다. 아무도 없었다. 나를 도와줄 사람은 없었다. 나는 조용히 말 잔등에 길게 드러누웠다. 하얀 말은 어느새 차갑고 서늘해졌다. 서늘해서 슬펐다. 슬퍼서 화가 났다.

아침에 꿈에서 깨어서도 계속 화가 났다. 악질적인 자명종이 울릴 때까지 나는 침대에 누워 베개를 끌어안고 있었다.

"띠리리릭 띠리리릭 다음 신호를 기다려 주십시오."

신호등이 빨간색으로 막 바뀌었다.

좀 일찍 봤으면 뛰었을 텐데. 오늘 정말 재수 없다.

주위를 둘러본다. 그 애는 안 보인다. 아이들이 몰려든다. 눈자위가 새카만 아이들. 퀭한 눈. 신호등만 보고 있다. 무덤에서 기어 나온 좀비 새끼들. 이렇게 우루루 서 있는 걸 볼 때마다 세균은 "자자, 어깨 아저씨들처럼 모여 있지 마세요." 하며 모여 있는 아이들 사이를 헤쳐 놓곤 했다.

내가 보기엔 영락없는 좀비 새끼들인데. 살아 있어도 살아 있는 줄 모르는 좀비, 죽어 있어도 죽어 있는 줄 모르는 좀비, 진짜 죽음을 원하는 좀비, 진짜 빨간 심장을 원하는 좀비.

나는 다시 주위를 둘러본다.

벌써 지나갔나? 아까 내 모습이 어땠을까?

몇몇 좀비는 신호등을 무시하고 사 차선 도로를 내달린다.

빨간불은 너무 오래 기다리게 한다. 기다리는 건 지겹다. 지겨운 건 용서할 수 없다. 용서할 수 없다. 감히……. 뱃속에서부터 욕이 치밀어 올라오려 한다. 폭포처럼 욕설이 내 입에서 쏟아져 나올 것 같다. 욕설로 세상을 더럽히고 싶다. 지성이 어깨에 걸린 내 가방이 보인다.

"야 새끼야, 가방 똑바로 메!"

"띠리리릭 띠리리릭. 파란불이 켜졌습니다. 건너가도 됩니다."

나는 가방을 낚아챈다. 지성이 휘청거린다. 확, 밟아 버리고 싶다. 지근지근 밟아 버리면 기분이 나아질 것 같다. 나는 횡단보도로 뛰어든다.

"승기야, 같이 가."

뒤에서 따라오는 음성을 떼어 놓으려, 나는 더 빠르게 달린다.

까만 아스팔트 위 흰색 가로줄이 골대처럼 일어난다. 나는 눈을 부릅뜨고 내처 달린다.

달려라, 달려. 김승기 파이팅!

마음에서 그 애의 목소리가 들려온다.

집에 들어서자마자 가방을 휙 날려 던진다.

"띠링."

엄마가 보낸 문자다. 벚꽃 구경 갔다고, 밥 먹고 학원 잘 챙겨 가라고 한다.

"아 씨발, 짜증 나. 배고파 죽겠는데."

냉장고를 연다. 먹을 게 없다.

"피자나 시켜 먹어야겠다."

냉장고 문을 닫는데, 문짝 맨 아래 칸에 있는 소주병이 눈에 들어온다. 소주병을 보니 뜬금없이 꿈이 또 생각난다. 포근한 말의 갈기, 짜릿한 질주. 가슴이 간질간질해진다. 아니 몸속 깊은 곳, 어딘지 알 수 없는 곳이 간지럽다. 여기저기 다 간지럽다.

피자를 기다리며 문자를 한다.

'걱정 말고 잘 놀다 오세요.'

'그래, 우리 아들. 엄만 불꽃 축제도 보고 가니 늦는다.'

'네, 엄마.'

'아빠는 출장 가서 오늘 안 들어오신다.'

‘네, 엄마.’

베란다에서 아래를 내려다보니 온통 하얗다. 벚꽃이 활짝 펴 있다.

여기에도 벚꽃이 이렇게 많은데…….

피자가 총알처럼 왔다. 피자를 먹고 나서 냉장고에서 소주병을 꺼냈다. 반 정도 남아 있다. 그저께 봤을 때 한 병 가득 있었는데.

엄마는 한 모금씩 술을 마신다.

반찬 통을 집어넣으며 쪼그리고 앉아 홀짝, 세탁기에 빨랫감을 넣다가도 홀짝, 신나게 드라마를 보다가도 홀짝……. 청소기를 돌리다가, 파란 하늘을 보다가 엄마는 문득 생각이 났다는 듯 냉장고로 향했고 그때마다 냉장고 문을 연 채 한 모금씩 마셨다.

나는 모르는 체 했다. 내가 안다는 걸 엄마가 알게 되면 한 모금이 아닌 한 병씩 마시게 될까 봐. 들키고 싶지 않은 걸 들키면 그다음부터는 조심하지 않게 되는 거다. 이왕 이렇게 된 거, 하면서 막 나가는 거다. 아빠도 그랬다.

나는 냉장고 문에 그림자처럼 비친 나를 보며 말한다.

“한 모금만 마시면 몰라. 표가 안 나잖아.”

그림자가 고개를 끄덕인다.

술을 한 모금 입에 담는다.

쓰다.

달콤하다.

꿀꺽.

소리 나게 삼킨다.

찬 알코올이 식도를 타고 내려간다. 핏줄을 달린다. 불꽃처럼 달린다. 인간의 핏줄 길이 구만 오천 킬로미터. 지구 두 바퀴 반. 지구 운동장을 달린다. 하얗게 잘 부푼 축구공이 잔디 위로 둥실 떠오른다. 내 발에 착 감긴다. 나는 공을 왼발 오른발 통통 차며 재주를 부리다가 날쌔게 달린다. 가로막는 수비수들을 하나씩 하나씩 피해 제치고 골대를 향해 달린다.

"슈우웃!"

교복을 벗어 던진다.

"골인! 골인입니다!"

지구 운동장이 들썩인다.

나는 텀블링을 한다. 베란다 밖까지 텀블링을 해도 날아오를 것 같다. 나는 거실을 이리저리 뛰며 관중을 향해 세리머니를 날린다. 키스, 키스. 응원석의 치어리더들이 두 팔을 들어 환성을 지른다. 하얀 유니폼에 매끈한 다리. 동그란 가슴에 빨간 수술. 빨간 수술이 허공에서 장미꽃처럼 활짝 핀다. 하악하악. 숨이 찬다. 나는 안방 화장실로 간다. 엄마와 아빠만의 장소.

내가 여섯 살쯤일 거다.

엄마는 싱크대 앞에서 저녁 준비하느라 바빴고, 나는 식탁 아래서 공룡들과 싸우느라 바빴다. 씩씩거리며 티라노사우루스와 벨로키랍토르를 칼로 찔렀다.

"죽어라, 죽어!"

그러고 나서 내가 제일 좋아하는 트리케라톱스를 막 잡아먹으려 할 때였다. 폭발음이 들렸다. 나는 고개를 반짝 들어 올려다보았다. 압력솥에서 김이 뿜어져 나오고 있었다.

"놀랐어?"

엄마가 말했다. 나는 재미있었다. 눈을 깜빡거리며 압력솥을 보았다. 저놈은 뭐지 하며. 엄마가 나를 안아 올렸다.

"놀랐구나. 괜찮아. 김 빼는 거야. 안 빼면 압력 때문에 터지거든."

압력솥 공룡은 머리에 달린 콧구멍으로 거친 숨을 내뿜었다. 나는 시시해진 트리케라톱스를 집어던졌다. 엄마가 나를 더 꼭 안으며 등을 토닥거렸다.

"사람도 마찬가지야. 계속 참으면 병 돼. 아프게 돼. 아빠는 아프지 않으려 골프장에 가는 거야. 우리 승기, 아빠가 못 놀아줘서 슬프지?"

압력을 빼기 위해 골프장으로 떠나는 아빠 모습은 멋있다. 흰색과 파란색의 골프복이 빛나 보인다. 거인처럼 느껴진다. 파란 거인. 나도 거인이 되고 싶다. 공부를 하면 할수록 거인이 되는 느낌이다. 점점 커지고 파랗게 빛난다. 그런데 이상했다. 파란 거인에 가까워질수록 뭔가 답답했다. 나는 운동을 했다. 야구, 농구, 축구…….

"이제 노는 거 그만하고, 공부해라."

6학년 때 유소년 축구 대회가 끝나자 아빠가 말했다.

멋진 축구 경기였다. 나의 대활약으로 우리 학교가 4:3으로 이겼다. 전반전 시작 1분 만에 한 골, 14분에 한 골, 후반전 12분에 한 골. 그렇게 내가 세 골 넣었고, 후반전 44분에 지성이가 한 골 넣었다. 나는 골을 넣을 때마다 관중석을 바라보았다. '승리는 승기의 것!'이라는 현수막이 환호성과 함께 들썩였다. 엄마와 나란히 앉은 아빠도 박수를 치고 있었다. 별로 좋아하는 것 같지는 않았다. 아니나 다를까. 시합이 끝나자 아빠가 그렇게 말했던 것이다.

'내가 언제 놀았다고…….'

말이 목젖까지 올라왔지만 입 밖으로 내보낼 수 없었다.

"대학 가면 너 하고 싶은 거 얼마든지 할 수 있어."

엄마가 아빠 눈치를 보며 말했다.

내 손에는 용돈이 듬뿍 쥐어졌다. 나는 지폐를 내려다보며 생각했다. 공부만 하다가 터지지 않으려면 압력솥을 키워야 한다고.

나는 커졌다. 압력의 강도도 커졌다. 때때로 압력을 빼야 했다. 터지지 않기 위해, 내가 산산조각 나서 사라지지 않기 위해 나는 놀이를 한다. 몰래 아빠 침대에 눕거나 지나가는 여자애 가슴을 슬쩍 만지거나, 모르는 애의 뒤통수를 때리며 '반갑다, 친구야!'를 외친다.

향긋한 냄새가 난다.

안방 화장실 냄새는 좋다. 엄마 냄새 같다. 엄마한테서는 술 냄새가 나는데. 아빠한테서는? 뭐랄까……시커먼 냄새? 말도 안 된다. 시커먼 냄새라니.

나는 변기 위에 서서 거울을 본다.

단정한 머리에 하얀 얼굴. 내 얼굴은 여드름도 없고 볕에 잘 타지도 않는다. 가늘고 매끈한 눈썹. 적당히 얇은 입술.

"엄마 닮아서 예쁘장하게 생겼구나."

"아빠를 안 닮았네."

사람들은 그렇게 말한다.

나는 엄마를 닮아서 좋다. 아빠를 안 닮아서 좋다.

그런데 자꾸 귀에서 맴돈다. 아빠를 안 닮았네. 안 닮았네. 이명처럼 들린다. 아빠를 안 닮았네, 나는.

나는 뜨거워지기 시작한다.

화장실 문을 잠근다. 집에 아무도 없지만 그래야 안전하게 할 수 있다.

　지나가는 여자애 가슴을 슬쩍 만지는 놀이는 재미있었다. 엄마 화장실에 들어오는 것만큼이나 아슬아슬하고 스릴감 넘쳤다. 대부분 내 또래거나 나보다 어린 여자애들이다. 가끔 큰 가슴도 만났지만 대부분 작았고 거의 대부분의 여자애들이 아파하고 기절할 것처럼 놀랐다. 하지만 내게 달려들지는 못했다. 만약 달려든다 해도 내가 시치미를 딱 뗐을 것이다.

　"내가 누구야? 김승기. 엄마 친구 아들, 엄친아라고."

　나는 전동 칫솔을 내려다보며 으르렁거린다.

　새벽 4시 반에 일어나는 아빠는 전동 칫솔을 물고 거실을 돌아다닌다.

　"쥐이이이잉 쥐이이잉."

　악질적인 알람 시계.

　나는 아침마다 "입 닥쳐!"라고 소리치고 전동 칫솔을 빼앗아 바닥에 패대기치고 밟아서 부숴 버리고 싶다.

　하지만 나는 아직 거인이 아니다. 거인에게 먹히지 않고 살아내야 한다. 그래야 엄마를 구할 수 있다. 아침마다 나는 발딱 일어나 거실로 나간다. 공손하게 인사한다.

　"안녕히 주무셨어요?"

　씻고 공부한다.

　그렇게 나는 '아침형 인간'이 되었다.

"승기는 일찍 일어나 엄마 아침밥도 차려 준다더라."
"승기는 공부도 잘하고 운동도 잘하는데, 넌 뭐니?"
"승기 하는 것 좀 보고 배워라."

"쥐이이이이잉."
손바닥이 전동 칫솔이 된 것 같다.
엄청난 속도로 빠르게 움직인다.
눈을 감는다. 두 개의 전동 칫솔, 두 칫솔이 서로 부딪힌다.
거품이 인다. 부글부글 부글부글. 거품은 산이 된다. 얼음처럼 차가운 산이 된다. 그 안에 누가 있다. 나인가? 엄마? 그 애 같기도 하다. 그 애가 보이기 시작한다. 하얗고 뽀얀, 보드랍고 따스한…….
"누구야? 어떤 년이야?"
내 인생의 첫 기억은 두 발로 서서 첫 걸음 떼기나 돌상 앞에서 연필이나 실타래를 집어 올리기나, 승기 참 잘 하네 하는 식의 입 발린 칭찬을 듣는 게 아니다. 그것은 두 사람의 시선이다. 엄마는 식탁에 앉아서 아빠는 소파에 앉아서 서로 쳐다보고 있는, 미워하면서도 사랑하고 있는, 사랑하면서도 싫어하고 있는, 이상한 눈빛으로 바라보는 시선이다.
그때 나는 거실 바닥에 앉아 있었다. 두 사람의 눈빛을 번갈아 보았다. 엇갈리는 시선은 거미줄처럼 칭칭 나를 감았다. 나는 곧 공포에 사로잡혀 숨을 쉴 수 없게 되었다. 꺽꺽거리는 신음 소리를 내다가 기절했다고 엄마가 말했다.

소리 질러야 할 것처럼 덥다.
화장실이 찜질방이 된 것 같다. 손에서 땀이 난다. 하낫둘 하낫둘 하낫둘…….
토끼뜀을 뛰는 내 머릿속으로 세균의 목소리가 끼어든다.
"원주율 파이는 삼점일사일오구……히파수스…….”
잘못된 전파가 날아오는 것처럼 말이 끊어졌다 이어졌다 한다.
"수스는 무, 무한……존재의……진실 비, 비밀로…….”
잊을 수 없는 기억은 되돌아온다.
잊을 때까지. 잊었다는 걸 잊을 때까지.
하지만 비밀의 방에 들어간 기억은 잊혀지지 않는다. 깜깜한 밤만 되풀이된다.
잊을 수 없는 밤.
그날은 열대야였다.
나는 잠들지 못했다. 새까만 밤은 언제라도 시뻘건 용암을 분출시킬 태세였다.
"도대체 누구냐고?”
날카로운 음성이 내 방까지 들려왔다. 낮고 굵게 으르릉거리는 아빠 음성도 들렸다. 무슨 말인지 잘 안 들렸다. 조용히 하라는 경고 같았다.

나는 일어나서 거실로 나갔다. 낮 동안 달구어진 땅의 열기가 16층까지 올라왔다. 숨이 막힐 것처럼 답답한 공기였다. 베란다로 나갔다. 뜨거운 바람이 올라왔다. 아래층에서 돌아가던 실외기 소리가 잠시 멈추었다. 나는 손바닥으로 얼굴의 땀을 닦아 냈다. 그때였다.

"아악!"

나는 나도 모르게 몸을 움직였다. 멍하니, 좀비처럼 내 몸은 그저 안방 문으로 향했다.

"왜 이래? 내가 뭘 잘못했어?"

나는 귀를 안방 문에 갖다 대었다. 또 낮고 굵은 소리가 나더니,

"찰칵!"

안방 문 잠기는 소리가 내 귀에 꽂혔다. 그리고

"퍽!"

살이 짓이겨지는 소리. 엄마 얼굴이 파란 거인의 주먹에 맞아 살갗이 내지르는 비명. 이어서

"퍼억! 퍽! 퍽!"

몇 차례 더 들렸다. 말은 없었다. 복부나 등 혹은 허벅지의 피부 아래 실핏줄이 터지는 소리가 묵직하게 들렸다. 내 가슴도 터지고 있었다.

나는 잠긴 문을 두드려서 폭력을 멈추게 해야 한다고 생각했

지만 몸을 움직이지는 않았다. 하지만 내 눈과 귀는 오히려 안방 깊숙이 파고들어 갔다. 아픔과 수치를 참으며 침대에 누워 있을 엄마. 내가 구해야 하는데…….

잠시 후 침묵을 깨고 우는 소리가 들렸다. 이를 악 물고 흐느끼는 엄마.

엄마의 흐느낌이 안방 문에 대고 있던 내 오른쪽 귀를 더 밀착시키게 했다.

나는 용암 속 시뻘건 쇳덩이처럼 달아올랐다. 사악한 용을 물리치고 공주를 구해 내는 용감한 왕자 이야기가 떠오르면서 몸에서 힘이 생기는 것 같았다. 내가 할 수 있어! 나는 주먹을 쥐었다. 그때였다. 안방 문이 벌컥 열렸다.

내 몸은 옆으로 쓰러졌다. 줄무늬 잠옷 차림의 아빠가 나를 내려다보았다.

바닥에 모로 누워 있던 엄마는 나를 보자 고개를 돌렸다. 헝클어진 머리, 반쯤 벗겨진 속옷, 얼핏 보인 얼굴의 멍과 수치심.

나는 그 순간 알게 되었다.

나의 밤, 잠자리를 뒤척이게 만들던 것, 깊은 수면을 방해하던 것의 정체를. 그런 밤이 지난 아침이면 알맹이를 다 빨리고 껍데기만 남은 벌레처럼 누워만 있었던 엄마를. 그런 밤이 지난 다음이면 더 유쾌해지고 더 크고 강한 느낌으로 꽃을 한 다발 사 오는 아빠를.

줄무늬 잠옷이 입술을 일그러뜨리며 나를 향해 웃어 주었다. 악마적인 미소가 파랗게 빛났다. 그 미소는 나를 공범으로 만들었다. 나는 후다닥 일어나 내 방으로 도망쳤다.

그 후로 나는 불을 내뿜어 책을 다 살라 버리듯이 공부했다. 열흘 굶은 사람처럼 탐욕스럽게 책을 먹어 치웠다.

그것이 내가 거인이 되는 방법.

그것이 그들의 소리에서 도망치는 방법.

그날 밤의 일이 뭔가 잘못됐다는 걸 알게 된 것은 한 달쯤 지났을 때다. 아마 멍 자국이 사라질 무렵일 거다. 아빠는 그 일을 하기 시작했다. 내가 거실에서 텔레비전을 보거나 가스레인지 앞에서 라면을 끓이거나 식탁에서 밥을 먹거나 내 방에서 공부하고 있을 때에도 그 일을 했다. 안방 문을 활짝 열어 둔 채. 아빠는 신경 쓰지 않았다.

아니, 신경 쓰지 않았을 리 없다. 오히려 더 신경 쓰는 듯했다. 보란 듯이.

어쩌면 나한테 들켰기 때문에 더 폭력적이 된 건지도 모른다.

나 때문이다. 그날 들키지 말았어야 했는데, 내가 안다는 걸 아빠는 그저 심증으로만 알았어야 했는데.

빨리 거인이 되고 싶다.

나는 점점 커지고 있다.

얼음산을 숨차게 오른다. 불을 품은 얼음산. 나는 빠르게 오른다. 숨차게 오른다. 빨리, 빨리, 더 빨리. 두 팔을 흔들며. 조금만 더 가면 정상이다. 둥근 가슴, 하얗고 눈부신 산, 젖과 꿀이 흐르는 산…….

"우리 승기가 1등을 했어요."

엄마가 활짝 웃으며 말한다.

정상이다. 나는 터진다. 불꽃이 튄다. 온몸에 전율이 인다. 나는 거인이다. 아빠 같은 파란 거인. 용암이 흘러내린다.

"못난 놈!"

뜨거웠던 용암은 밖으로 나오자마자 차갑게 식는다. 나는 쪼그라든다.

다 가짜다. 얼음산도 공주도 거인도 다 가짜다. 아빠 말이 맞다. 나는 못났다. 작다.

부풀어 오르는 건 오래 걸리고 꺼지는 건 일순간이다.

피곤하다.

전화벨 소리에 잠이 깬다.

깜빡 잠이 들었나 보다. 나는 거실 소파에 누워 있다. 빨간 농구공을 껴안고.

"승기, 학원에 왜 빠졌어?"

하이클래스 학원 원장이다.

나를 보면 친한 척하며 머리를 쓰다듬는 여자다. 내가 자기 이상형이랬다. 그러면서도 말끝을 길게 늘이며 말하는 게 꼭 어린애 대하듯 한다. 싫다.

"아, 선생님. 죄송합니다. 감기에 걸렸는지 몸이 아파서요."

나는 있는 힘껏 아픈 목소리로 말한다.

"어머! 어떡하니? 밥은 먹었어?"

"네, 엄마가 닭죽 해 주셔서 먹었어요."

"그래, 푹 쉬어. 보충은 내일 만나서 시간 잡자."

"네, 선생님. 고맙습니다."

보충수업은 뒤로 미루다가 은근슬쩍 안 하면 된다. 나는 안고 있던 농구공을 거실 바닥에 탕, 탕, 튀긴다. 학원 선생들은 학부모에게 전화하는 걸 안 좋아한다.

"탕!"

내 손으로 다 해결할 수 있다. 늦거나 빠지면 이유를 알리면 된다. 선생이나 엄마나 서로 굳이 전화할 일 없을 거다. 1등이나 하면 모를까.

"탕!"

농구공은 오랫동안 내 손에 길들여져 반들반들하다.

10살 때 아빠가 사 준 공이다. 수학 경시대회 때 전교 1등을 해서 선물로 호텔 뷔페에서 저녁을 먹고 마트에 가서 농구공을 샀다. 그리고 그날 밤 아빠와 나는 농구장에서 농구를 했다. 탕, 탕, 탕 경쾌한 소리가 아파트 단지에 울려 퍼졌었다. 아빠는 덩 크슛도 잘했다.

그때는 농구공이 참 커 보였는데, 지금은 작아 보인다. 커 보였다가 작아 보였다가. 상대적이다. 내게 아빠가 작아 보일 날이 과연 있을까?

"탕!"

농구공을 때리며 거실 벽에 걸린 가족사진을 본다. 나를 안고 있는 엄마가 활짝 웃으며 말한다.

"우리 승기가 1등을 했어요."

초인종이 울린다.

인터폰을 보니 아래층 아줌마다. 이사하던 날 인사한 적 있다.

나는 짜증을 참으며 내 방으로 간다. 까만 뿔테 안경을 쓰고 책장에서 아무 책이나 한 권 뽑아 들고 나온다.

"안녕하세요?"

나는 허리 숙여 인사한다.

안경을 만지며 무슨 일로 왔냐고 묻는다. 다분히 연극적이지만 신기하게도 항상 통한다.

아줌마는 쿵쿵거리는 소리에 아기가 자꾸 운다고 조용히 해 달라고 한다.

나도 불만을 토로한다.

"저도 그 소리 때문에 공부를 할 수가 없어요."

나는 들고 있던 책을 보여 주며 말한다. 아차, 책을 잘못 집었다. 하필이면 체육 교과서라니. 아줌마는 책에는 관심이 없고 집 안쪽을 들여다보고 싶어 한다. 내 말을 안 믿는 건가?

"지금 저 혼자 있어요. 엄마는 외출 중이세요. 너무 시끄러운데 참고 있었어요. 아주머니가 위층에 대신 말씀해 주시면 감사하겠습니다."

아줌마는 알았다면서 위층으로 올라간다. 계단으로 오르는 아줌마 뒤통수에 대고 내가 말한다.

"어쩌면 없는 척할지도 몰라요."

위층 사람들은 오후에 출근하기 때문에 지금 아무도 없을 것이다.

내가 '엄친아'니 '범생이'니 하는 말을 듣게 된 것은 이런 뛰어난 연기력 덕분이다. 게다가 짜증도 잘 참고, 공부할 때는 완전히 몰두한다. 그래서 학원 레벨 테스트에서 항상 1등이다. 딱 한 번 과학만 빼고. 그런데 이상하게도 학교에서는 1등이 안 된다. 초등학교 때 한 번으로 끝나는 게 아닐까 불안하다. 꼭 한 문제를 실수로 틀려 등수가 밀려난다.

"못난 놈! 이렇게 쉬운 걸 틀리다니. 몰라서 틀리는 것보다 더 한심하구나."

아빠가 혀를 차며 말했다.

시험 보는 날마다 그 말이 떠오른다. 나는 실수하지 않으려 읽고 또 읽는다. 땀이 자꾸 나서 손바닥을 수시로 바지에 닦는다. 내 회색 교복 바지는 허벅지 부분만 닳아서 하얗게 보풀이 일어나 있다.

나는 체육 교과서를 책장에 꽂으며 책상 앞에 앉는다. 손바닥이 축축하다.

어떡하지? 곧 알게 될 텐데. 어쩌면 오늘 밤에 알게 될지도 모른다. 엄친아가 선생한테 맞은 사건은 분명 맛있는 수닷거리일 게다. 내가 먼저 말해야 유리한 입장에 설 텐데.

엄마는 분명 또 참으라고 할 게다. 아빠한테 의논이랍시고 말하겠지. 그러면 아빠는 애를 어떻게 키웠냐고 하며 또 때릴지도 모른다. 멍이 가실 때쯤 엄마는 학교에 갈 거고, 세균에게 상품권을 내밀겠지. 용서하라고 말하겠지.

내가 뭘 잘못했지?

답답하다. 머리가 잘 돌아가지 않는 느낌이다. 그래, 과제물부터 하자. 평소처럼, 숙제하고 읽고 쓰고 외우고 외우고 하다 보면 다시 나로 돌아갈 거다. 아무것도 아니다. 그까짓 것.

나는 가방을 당겨 지퍼를 연다. 수학 인쇄물들을 꺼낸다.

'제1장. 무리수와 실수. 문제1. 다음 중 무리수인 것을 모두
고르시오.'

"씨발, 무리수든 실수든 내가 알 게 뭐야. 이게 몇 장이야?"
다섯 장이나 된다.
"더러운 새끼! 가르치는 것도 없이 숙제만 들입다 내 줘!"
소리를 버럭 지른다.
혼잣말을 이렇게 크게 하다니. 내가 미쳐 가고 있는 걸까?
"괜찮아. 괜찮아. 공부하자."
말과 달리 몸은 내 방을 나간다. 주방으로 간다. 냉장고를 연
다. 소주병을 꺼낸다.
오늘 수학 시간이었다.
세균은 앞문으로 들어오자마자 출석부를 교탁에 던졌다. 인사
도 받지 않았다. 아이들을 노려보며 서 있었다.
"오늘 완전 뿔났는데."
"야, 걸리면 죽음이다."
내 뒤에 있는 1등과 8등의 목소리가 들렸다.
아마 아이들은 고개를 푹 숙이고 있었을 것이다. 세균의 레이
더에 걸리지 않으려고.
하지만 나는 고개를 들고 똑바로 올려다보았다. 세균은 눈을
굴리며 아이들을 내려다보았다. 나와 눈이 마주치자 희미하게

웃었다. 작년에 세균은 내게 "승기는 내 어릴 때랑 똑같구나." 하며 눈을 찡긋했다. 징그럽게. 그때 나는 "감사합니다, 선생님." 하고 꾸벅 인사했다. 선생들은 말끝마다 '선생님'이라고 붙여 주는 걸 좋아한다. 안녕하세요 선생님, 질문있어요 선생님, 선생님, 선생님.

세균은 아이들을 노려보다가 한숨을 내쉬더니 뒤돌아섰다. 칠판에 쓰기 시작했다.

'원주율 파이의 값은 3.14159265358979323846264338332 79……와 같이 순환되지 않는 무한소수로…….'

다짜고짜 필기였다.

다짜고짜 질문, 다짜고짜 자습, 다짜고짜 문제 풀이, 다짜고짜 분필 던지기, 다짜고짜 벌세우기, 다짜고짜 주먹 날리기…….

학교에는 의문을 품으면 안 되는 것들로 가득하다.

또각또각 분필 소리만 교실을 가득 채웠다.

교과서에 있는 내용을 왜 쓰는지 이해가 되지 않았다. 원주율을 다 외운다는 걸 자랑하나? 나도 다 외우는데. 세균은 계속 썼다. 교과서를 보지도 않고. 정자체로 반듯하게 썼다.

'히파수스는 분수로는 나타낼 수 없는 수가 존재한다는 사실을 처음으로 증명하였다. 그는 "이것을 비밀로 하라고 요구하는 것은 나의 지식과 진리를 억압하는 것."이라고 밝혀 _____의 존재를 비밀로 하였던 피타고라스학파에 반기를 들었다.'

거기까지 쓰고 세균은 돌아섰다. 분필을 던졌다. 분필은 창가 쪽으로 총알처럼 날아갔다. 맨 앞 책상, 17등 머리에 총알이 박혔다. 17등은 놀란 표정이 역력했다.

"자네, 여기 밑줄의 답이 뭐라고 생각하십니까?"

세균이 턱짓으로 칠판을 가리키며 물었다.

그건 무리수였다.

17등은 아마 우주 어딘가에 가 있었을 것이다. 같은 반이 된 건 처음이지만, 소문을 들어서 알고 있다. 기술·가정 선생이 붙여 준 별명이 '미래의 소설가'이고, 아이들은 그냥 '사차원' 내지는 '우주 소년'이라고 부른다. 이름이 뭐였더라? 아무튼 17등은 나와는 다른 인간인 것 같다.

세균이 답이 뭐냐고 또 물었다. 그렇게 쉬운 걸 물어본다는 건 분명 폭발할 의사가 분명해 보였다. 17등은 눈만 동그랗게 뜨고 아무 말도 못하고 있었다.

세균이 입술을 비죽거리며 말했다.

"17등이 알면 다 아는 거지, 안 그렇습니까?"

우리 반 꼴등인 32등이 아니고 17등이라고 했다.

하긴 그렇다.

주변부에 앉은 애들은 어차피 낙오자니까. 소용돌이 속에서 바람에 날아가 버릴 테니까. 어디로 날아가 버리는지는 관심 없다. 나만 아니면 된다.

우리 학교는 교실 한가운데를 중심으로 해서 소용돌이 돌듯이 회전하며 성적 순서로 앉는데, 주변에 위치한 아이들은 낙오자로 간주한다. 나는 중심부에 앉는 내가 자랑스럽다. 비록 1등은 아니지만, 적어도 낙오자는 안 될 것이다.

사차원에 가 있던 17등이 뭐라고 말할지 궁금했다.

세균이 빨간 분필을 들더니 밑줄에 한 번 더 밑줄을 그으며 답이 뭐냐고 재촉했다. 17등은 서둘러 문제를 읽는 눈치였다.

어디선가 누군가가 "무리수, 무리수." 하며 구원의 음성을 들려주는데, 17등 귀에는 들리지 않는 모양이었다. 그때, 뒤에서 아는 목소리가 들렸다.

"아, 씨발. 대답 좀 하지."

그 애의 목소리였다.

작지만 내게는 잘 들렸다. 신예인. 학교에서 내놓은 아이. 소문난 날라리. 말을 한 번도 안 해 봤지만 나는 그 아이를 보는 순간 오래전부터 알고 지낸 느낌이었다. 그 애가 옆을 지날 때면 익숙한 냄새가 났다. 독하고 싸한……안타까운 냄새…….

17등이 입을 열었다.

"여, 영혼."

아이들이 웃기 시작했다.

"영혼이래."

"이 신성한 수학 시간에."

지루했는데 잘됐다. 나도 킥킥거리며 웃었다.

세균은 이마에 굵은 주름을 잡으며 인상을 썼다. 팔을 들어 이마를 짚었다. 소매가 더러웠다. 분필 가루와 고춧가루가 묻어 있었다. 그래서인지 오늘따라 개량 한복이 더 우스꽝스럽게 보였다.

심각하기는. 웃자고 하는 말을. 어른들은 항상 너무 심각하다. 세균이 손을 저으며 조용히 시켰다. 17등에게 나가라고 했다.

"벌점 5점 드립니다."

17등은 복도로 나갔다.

벌점도 받고 교실에서 쫓겨나고. 한 가지 잘못으로 두 가지 벌을 받는 것은 부당하다. '일사부재리의 원칙'에도 어긋난다. 하지만 나는 아무 말 하지 않았다.

세균은 등만 보인 채 칠판에 문제와 풀이 과정과 공식을 깨알같이 적어 갔다. 처음에는 수군수군 떠드는 소리가 들리다가 어느새 정적만 흘렀다. 또각또각 칠판에 분필 바스러지는 소리. 사각사각 공책에 연필 미끄러지는 소리. 숨소리조차 내면 안 될 것 같은 시간이었다. 갑자기 전화벨이 울렸다.

“사랑했지만.”

세균 몸에서 나는 소리였다. 바지 주머니에 직사각형으로 불룩한 게 보였다. 벨 소리의 진원지였다.

“그대를 사랑했지마아안…….”

세균은 잠시 움찔했지만 이내 다시 문제 풀이 과정을 써 내려갔다. 증명하고, 땅땅땅 분필로 세 번 점을 찍어 결론 내리고, 흰색에서 빨간색으로 분필을 바꿔 쥐고 밑줄 두 번. 그리고 문제를 또 하나 더 적었다. 그러는 동안에도 벨은 계속 울렸다.

세균은 사람에 따라 벨 소리를 다르게 적용한다. 휴대폰을 보기도 전에 “아, 괜찮다. 중요한 전화 아니다.” 하거나, “아, 우리 아바마마께서 어인 일이신가.” 하면서 받기도 했다.

“다가설 수 없어어. 지친 그대 곁에 머물고 싶지만”

가사가 너무 감상적이었다. 이때다 하며 아이들이 수군거리기 시작했다.

“연애하나 보다.”

“얼마 전에 이혼했다며?”

“그럼 지금 혼자 살겠네. 어쩐지 더 더러워 보인다 했어.”

“선봤는데, 퇴짜 맞았대.”

“재혼하면 안 되는데. 가정폭력으로 이혼당했잖아. 지금도 가끔 찾아가 술주정하며 때린다더라. 부인이 고발해서 지금 접근금지명령 상태야. 근데도 자꾸 찾아가나 봐. 아빠가 그러는데 경찰서에서 자주 본대."

단어들이 화살처럼 날아왔다.

이혼, 가정폭력, 술주정, 고발, 접근금지……. 엄마도 차라리 이혼하는 게 나을 거다. 아빠는 접근금지명령을 받아야 하고. 그런데……그러면 나는……나는 어느 쪽으로 가야 할까? 내 몸이 세로로 잘라져 갈라지는 상상이 되었다. 몸의 반은 엄마에게 또 다른 반은 아빠에게로 가는. 그렇게 되면 나는 영원히 반쪽으로 나뉜 채 살아야 하는 거다. 온전히 내가 되지 못할 것 같다. 아빠가 접근금지 당하는 것처럼, 내 몸도 내 몸으로부터 접근금지명령을 당하는 느낌이다.

휴대폰은 계속 사랑했다고 외쳤다.

누굴까? 사랑했던 사람의 전화라면 받아야 할 텐데. 왜 무시하고 있는 걸까? 뭔가 잘못한 게 있어서 외면하는 걸까? 미안해서 못 받는 걸까? 사랑하는데 왜 때리는 걸까? 그걸 사랑이라고 해도 되는 걸까?

칠판만 보며 글씨를 쓰고 있는 세균의 뒷모습에 골프복을 입은 아빠 모습이 겹쳐 보였다. 시한폭탄을 안고 있는 괴물 같았다. 펑! 터지면, 혼자만이 아니라 여러 사람을 다치게 할 폭탄을 가슴에 안고 사는 괴물.

세균이 몸을 휙 돌렸다. 분필을 또 날렸다. 분필은 멀리 날아갔다.

"아, 씨발!"

나는 깜짝 놀라 뒤돌아보았다. 그 애가 이마를 문지르고 있었다.

"자네는 여기 답이 뭐라고 생각합니까?"

나는 얼굴 근육이 뻣뻣해지는 느낌이 들었다.

입을 크게 벌리고 소리 없이 '아 에 이 오 우' 입 운동을 했다. 가슴이 뻐근했다. 속에서 뭐가 끓고 있는 느낌이었다. 나는 두 주먹을 쥐었다 폈다 반복했다.

그 애의 입도 소리 없이 뭐라고 오물오물 움직이는 게 보였다. 마치 "전화나 받으시지요. 수업 중에 전원 끄는 매너도 모르십니까." 하는 것 같았다.

목이 말랐다. 물을 벌컥벌컥 마시고 싶었다. 입에서 단내가 났다. 그때 그 애의 눈과 내 눈이 마주쳤다. 그 눈은 나를 야단치듯 노려보는 것도 같았고, 도움을 요청하는 것도 같았다.

어느새 내 몸은 저절로 일어서고 있었다.

느리게 좀비처럼 멍하니.

그러니까 뭐, 내가 그 애를 구해 주려고 작정하고 일어난 것은 아니었다. 만약에 세상을 움직이는 보이지 않는 손이 있다면, 그 손이 나를, 내 목덜미를 잡고 일으켜 세운 것 같았다.

"선생님!"

일단 일어서자 중세의 기사가 된 기분이었다. "선생님!" 하고 언어를 뱉은 것은, 적을 향해 칼집에서 칼을 뽑은 셈이었다.

세균은 나를 무시하고 뒤쪽으로 걸어갔다. 그 애에게 다가가고 있었다. 다가가서 그 애의 보드라운 귓불을 만지고 느끼다가 비틀겠지. 다른 여자애들한테 그러듯. 하얗고 매끈한 목덜미를 잡으며 야단치겠지.

"그렇게 공부해서 괜찮은 남자 만나겠습니까?"

"세, 선생님!"

나는 세균을 불렀다. 하마터면 세균아, 하고 부를 뻔했다. 세균이 돌아보았다. 내가 말했다.

"휴대폰을 꺼 주세요."

"뭐? 다시 말해 보겠습니까?"

세균이 입꼬리를 비틀며 나를 보았다. "감히 선생님한테 덤벼?" 하는 표정이었다. 나는 예의 바르게 말하려고 애썼다. 목소리가 떨렸던 것 같다. 무서웠을까? 무섭진 않았는데.

"선생님 휴대폰 벨이 계속 울리고 있습니다."

세균은 입을 꾹 다물더니 나를 향해 "이리 와." 하는 손짓을 했다. 나는 어깨에 힘을 주며, 장엄한 모습으로 그 애에게 비쳐지기를 바라며 책상에서 벗어났다. 세균의 오른손이 자신의 왼쪽 손목을 향해 가는 게 눈에 들어왔다. 설마…….

"찰칵."

그는 금색 시계를 풀었다. 나는 그 분명한 행위를 보면서도 '설마, 설마' 했다. 내게는 선생님들로부터 사랑받는 무엇이 있다고 굳게 믿었으니까. 세균은 시계를 주머니에 넣더니 육중한 몸에 어울리는 두툼한 손바닥을 내게로 날렸다.

"퍽!"

번쩍!

눈앞에서 불꽃이 튀었다. 1초간 우주로 날아갔다 온 듯했다. 귀가 멍멍했다. 왼쪽 뺨이 불에 댄 듯 뜨겁고 눈에서는 피가 날 것 같았다. 이어서 오른쪽 뺨에서도 불이 났다. 세균이 오른손으로 한 대, 왼손으로 한 대 때린 것이다.

그때 나는 이상한 현상을 겪었다.

따귀를 맞는, 눈앞에서 폭죽이 터지는 그 순간, 나는 내 존재가 셋으로 나누어지는 경험을 했다. 무력하게 얻어맞고 수치스러워하며 서 있는 나, 책상 의자에 앉아 즐기며 바라보고 있는 나, 교실 밖에서 못마땅한 표정으로 야단치듯 보고 있는 나.

나는 세 개의 시선을 동시에 느꼈다. 서 있는 내가 앉아 있는 나에게 말했다.

'양손으로 때리는 모양이 우스꽝스럽지 않니?'

앉아서 악마적으로 웃고 있던 내가 나에게 고개를 끄덕였다.

세균이 씩씩거리며 무슨 말을 떠들어 댔는데 기억이 나지 않는다. 마지막 말만 기억난다.

"웃어? 감히…….."

세균은 가래침을 뱉듯 말하고는 교실을 나갔다.

곧이어 수업 끝나는 종이 울렸다. 여느 때라면 출석을 부를 시간이었다. 세균은 수업 마침 종이 울릴 때 출석을 불렀다.

회장인 2등이 교무실에 갖다 두려고 출석부를 들더니 내 어깨를 툭 치며 말했다.

"세균이 시계 풀 때 난 너 엄청 맞을 줄 알았어."

히죽 웃었다. 뒤따라 교실을 나가며 1등이 말했다.

"너 이제 수학 어떡하냐?"

"담임한테 찍혔으니……."

3등이 말하며 손으로 제 목을 자르는 시늉을 했다.

실내화를 갈아 신을 때였다.

"먼저 가. 난 도서관에 들렀다 가야 하거든."

"아차, 난 수평 과제물 넣는 걸 깜빡했네."

5등과 7등이 말했다. 항상 같이 가던 녀석들이었다. 5등은 방과 후 바로 원어민 과외가 있어 늘 서둘렀고, 7등은 과제물 하는 걸 늘 미루다가 전날 부리나케 해치우는 녀석이다.

승리관을 나와 성공관 입구를 지나는데 발바닥으로 미세한 진동이 느껴졌다. 지진이 시작될 것 같은 불안감이 발바닥으로 전달되었다. 집에 혼자 가는 건 처음이었다.

"같이 가자."

지성이 말했다.

내 가방을 가져가 자기 어깨에 멨다. 초등학교 때 했던 놀이에 익숙한 탓인지 지성은 종종 노예근성을 발휘한다. 심부름 같은 걸 시켜도 잘하고 안 시켜도 했다. 혼자라는 느낌 때문일까? 어쩌면 노예근성이 아니라 친절 근성인지도 모른다는 생각이 들었다.

"오늘은 축구 안 하냐?"

내가 물었다.

"으응, 오늘은 그냥 일찍 집에 가고 싶네. 음……얼굴은 괜찮아?"

지성이 머뭇거리며 물었다.

확 불꽃이 일었다. 내가 소리쳤다.

"괜찮아!"

술이 바닥났다. 나는 베란다로 나간다. 허공에 떠 있는 느낌이다. 이런 기분이라면 뛰어내려도 안 아프게 죽을 것 같다. 나는 하얗게 빛나는 벚꽃을 내려다보다가 전화를 건다.

엄마가 전화를 안 받는다. 아빠한테 전화를 하려다가, 그만둔다. 아빠한테 전화할 정도로 취하진 않은 거다. 입에서 한숨이 나온다. 이럴 때를 대비해 그 아이 전화번호를 알아둘 걸 그랬다.

"괜찮아."

중얼거리며 나는 술병을 들어 본다. 빈 병 안에 파랗게 질려 갇혀 있는 내가 있다.

"띠링"

문자가 왔다. 기다리지 말고 먼저 자라고 한다.

"펑!"

폭죽 터지는 소리가 들린다.

연달아 또 터진다.

밤하늘 가득 불꽃이 반짝인다. 불꽃은 짧은 순간 밤하늘의 별로 활짝 피었다가 별똥별로 떨어져 내린다. 그리고 사라진다.

나는 막막한 우주 속 어느 행성에 홀로 떠 있는 것 같다.

괜찮아, 괜찮……

……지 않다. 안 괜찮다.

많이 아픈 것 같다. 아파서 화가 난다. 나는 빈 소주병을 꽉 잡는다. 막 달리고 싶다. 병에 불을 붙여 달리고 싶다. 폭탄처럼 던지고 싶다. 접근금지명령을 받은 사람과 받아야 할 또 다른 사람에게.

"펑!"

불이라도 났으면 좋겠다.

한낮에 터진 폭죽은 밤까지 이어졌다.

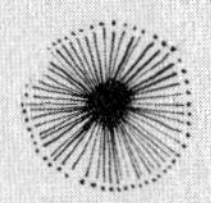

물구나무

강지성

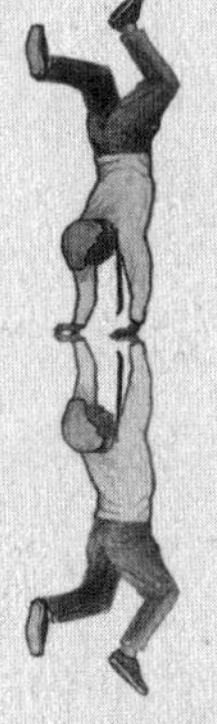

뒤숭숭한 꿈에서 깨어났을 때 강지성은 자신의 몸이 거꾸로 뉘어 있는 것을 발견했다.

상체는 아래를, 하체는 위를 향해 있었다. 보이지 않는 실에 매달린 것처럼 두 발이 허공에서 대롱거렸다. 허리 부분을 침대 끝에 걸친 채 사선으로 물구나무서고 있었다. 아래로 쏠린 어깨와 머리가 금방이라도 바닥에 처박을 듯했다. 지성은 두 팔로 몸을 지탱하고 있었다. 손바닥이 땅을 밀어 내는 듯했다. 천장의 십자 형광등 불빛이 눈을 찔렀다.

지성은 얼른 눈을 감았다. 눈을 감아도 잔상으로 남은 빛이 여전히 눈동자를 아프게 했다. 어제 불도 끄지 않고 잠이 든 모양이다. 밤 10시부터 시작된 불꽃놀이를 베란다에서 구경한 것은 기억나는데 그다음은 기억나지 않았다.

지성은 초등학교 6년 동안 축구부로 있었는데 그때 밴 10시

취침과 4시 기상은 축구부를 그만둔 지 3년이 흘렀어도 몸이 기억하고 있었다. 그래서 어제 밤하늘에 터지는 놀라운 은하수를 보면서도 자꾸 눈이 감겼었다.

지성은 천천히 눈을 떴다.

어깨와 팔이 저릿저릿했다. 목구멍도 칼칼하고 따끔거렸다. 입이 한껏 벌어져 있어서 다물려고 하는데, 목덜미와 턱 근육이 세게 당겨지는 아픔 때문에 지성은 터져 나오는 비명을 삼켰다.

'어떻게 된 거지?'

지성은 생각했다. 물구나무서기를 오래 해서 그런가? 어제 체육 시간에 지성은 물구나무서서 한참을 걸어 다녔다. 아이들은 물구나무서기 금메달감이라고 했다.

'그래도 그렇지. 이상한 일이네. 꿈을 꾸고 있는 걸까?'

창밖은 어두웠다. 시계를 보았다. 4시 10분. 지성은 몸을 일으키려 했다. 배에 힘을 주며 윗몸일으키기를 시도했다. 하지만 두 다리가 허공에 떠 있으므로 배에 아무리 힘을 주어도 상체는 들어 올려지지 않았다. 천 근의 추처럼 머리가 자꾸 바닥을 향하려고만 했다.

"자, 훈련하러 가야지."

지성은 자기 몸에게 타이르듯 말했다.

몸은 들은 체도 하지 않았다. 입이 한숨을 내쉬고는 제멋대로 중얼거렸다.

“혼자서 하는 축구는 얼마나 한심한가. 열 명의 보이지 않는 선수들과.”

지성은 입을 다물게 하려고 어금니를 꽉 물었다. 입안에서 혀가 마구 움직였다. 말이 입술 사이로 새어 나왔다.

‘보이지 않는 코치의 지시를 받으며 훈련하는 게 얼마나 한심한가.’

지성은 짚고 있던 방바닥을 손바닥으로 힘껏 밀면서 상체를 침대로 끌어 올렸다.

몇 번을 반복해서 간신히 머리를 침대 위에 올리는 데 성공했다. 두 팔을 내려 차렷 자세를 취했다. 팔이 심하게 저려, 주먹을 쥐었다 폈다 하며 숫자를 셌다. 초등학교 운동장에서 양쪽 귀를 두 손으로 잡고 토끼뜀을 뛰는 자기 모습이 보이는 듯했다.

“하나, 둘, 하나, 둘, 하나, 둘……”

“똑바로 못합니까!”

턱이 크고 길어서 ‘턱 코치’라 불리던 코치 선생님의 우렁우렁한 목소리도 들리는 듯했다. 지성은 운동장을 아홉 바퀴 돌다가 잠이 들었다.

물소리에 다시 잠이 깼다.

욕실에서 나는 소리였다. 시계를 보니 5시 5분. 엄마와 누나가 6시까지 출근하기 위해 서두르고 있을 것이다. 엄마와 누나는 둘다 두 가지 일을 한다. 엄마는 식당과 대형 마트, 누나는 편의점과 커피숍. 두 사람은 생존에 필요한 시간을 제외하고 모든 시간을 돈 버는 일에 썼다. 만약 하루가 24시간이 아니라 240시간이라 해도 마찬가지일 터였다. 갚아야 할 돈이 너무 많아서 그들은 여가 시간은커녕 죽을 시간도 없을 지경이었다.

"퉤!"

지성은 혀끝으로 침을 모아 뱉었다.

언제부터인가 침 뱉는 버릇이 생겼다. 침은 포물선을 그리며 머리 앞쪽으로 날아가 떨어졌다. 발은 여전히 허공에 떠 있었다.

"꿈이 아니었어?"

정수리가 아래로 향하려는 탓에 입은 여전히 벌어져 있고 턱은 한껏 치켜 올라가 있었다. 지성은 누운 상태에서 옆으로 몸을 틀었다. 다리를 침대 아래로 내려놓으면 윗몸이 저절로 들어 올려질 것이다. 90도 각도로 몸을 틀어 옮기는 동안에도 다리는 여전히 허공에서 대롱거렸다. 지성은 두 발을 방바닥에 내려놓으면서 상체를 일으켰다. 순간, 발바닥으로 전해지는 격한 저항을 느꼈다. 동시에 용수철에 튕겨 나가듯 다리가 번쩍 들어 올려지더니, 그 반동으로 상체는 침대로 곤두박질쳤다. 발과 땅이 자석의 같은 극으로 밀어 내는 것처럼 머리와 땅은 다른 극으로 잡아당기는 것 같았다.

지성은 같은 일을 반복해서 시도했다.

일어났다 누웠다 하면서 러닝셔츠가 겨드랑이까지 미끄러져 올라갔다. 땀에 젖어 축축했다. 누워서도 볕에 탄 까만 다리와 굳은살이 박인 복숭아뼈와 뒤꿈치가 눈에 들어왔다. 땀이 이마를 타고 흘러내려 눈꼬리에 맺혔다. 눈이 따가웠다.

한 시간을 넘게 버둥거리며 씨름한 지성은 몸이 왜 중력의 법칙을 거부하는지, 땅을 딛고 살아가야 하는 몸이 왜 직립의 운명을 거부하는지 도무지 알 수가 없었다.

'불꽃놀이 때문일까?'

지성은 지난밤을 떠올렸다.

펑펑 터지는 눈부신 불꽃들을 바라보며 이상한 기분이 들었다. 감동 같은 울림이 가슴을 가득 채워 눈물이 핑 도는가 하면, 누군가의 멱살을 잡고 주먹질을 해 대고 싶은 울화가 치밀기도 했다. 불꽃이 너무 아름다워서, 아름다움의 시간이 너무 짧아서, 그 짧은 시간을 위해 버리는 돈이 엄청날 것이기에 지성은 화가 났다. 화가 났지만 그런 아름다움은 그만큼의 경제적 가치가 있는 것도 같았다.

속이 쓰렸다. 건너편 새로 조성된 공원에 사람들이 모여 있는 게 보였다. 엄마와 누나는 야근을 하는지 늦게까지 들어오지 않았고, 아빠는 오후에 출근하다시피 하는 '산재보상대책위'에 갔기 때문에 지성은 혼자였다.

'그래, 불꽃놀이 때문이야.'

아빠가 눈치채기 전에 일어나야 했다. 이미 많은 걱정으로 가족들이 지쳐 있다는 걸 아는 지성이었다. 결국 지성은 누운 채로 상체를 침대 옆으로 밀어 바닥을 짚고 물구나무섰다. 비로소 안정된 느낌이었다. 지성은 숨을 내쉬고 주위를 둘러보았다. 벽에 걸린 시계는 벌써 8시를 향해 가고 있었다. 방문 밖에서 헛기침 소리가 들렸다. 아빠가 물었다.

"안 일어났니?"

"일어났어요."

"안 늦었니?"

"늦었어요."

"얼른 준비하고 가라."

"네. 갈게요."

착하게 대답한 지성은 몸이 갑자기 더 무겁게 느껴졌다. 어제 체육 시간과는 판이하게 달랐다. 키 160센티미터에 체중 56킬로그램으로 비교적 표준인 몸무게가 지금은 수백 킬로그램은 되는 것처럼 무거웠다. 지성은 짓눌리는 기분을 애써 외면하며 물구나무선 채 방을 서성거렸다. 한 손 한 손 번갈아 바닥을 짚을 때마다 손등과 팔에 굵직한 근육이 불거졌다.

방 안을 둘러보았다.

여느 날과 다름없는 방이었다. 축구공이 굴러다니는 방. 오래된 공 네 개와 새로 산 공 한 개. 의자 등받이에 걸쳐진 교복과 보라색 체육복도 보였다. 우승 트로피도 눈에 들어왔다. 거꾸로 서니 안 보이던 게 잘 보였다. 잊으려고 책장 맨 아래 구석에 뒀던 트로피였다. 공 차는 소년의 트로피. 트로피 옆에는 돌돌 말아 끼워 넣은 종이띠도 보였다.

'축구 신동 강지성 파이팅'.

6학년 여자애들이 색종이로 만들어 응원했던 종이띠.

지성이가 귀신같은 실력으로 상대편 공을 가로챌 때마다, 발목에 고무줄이라도 매단 듯 옆을 떠나지 않는 공을 데리고 골대를 향해 내달릴 때마다 응원석은 강지성의 이름으로 물결쳤다. 김승기가 세 골, 강지성이 한 골 넣었다. 3 대 3으로 동점이던 경기를 지성이 골을 넣어서 승리했다.

"결정적 슛을 날렸구나!"

턱 코치는 지성을 껴안고 빙빙 돌며 호탕하게 웃었다.

'다 지나간 일이야.'

지성은 고개를 돌렸다.

축구에 대한 기억은 빛이면서 어둠이었다.

방문에 붙은 박지성 선수가 보였다. 재작년 가을 청소년 월드컵을 보고 나서 산 포스터. 이집트 카이로 인터내셔널 스타디움에서 제17회 청소년 월드컵이 있었다. 한국 팀이 미국을 꺾고

16강에 올랐다. 파라과이와의 16강전에서 후반 25분, 박지성은 멋진 센터링을 해서 팀을 승리로 이끌었다. 물론 그 공을 김민우 선수가 받아 헤딩으로 연결해서 골인시켰지만, 강지성은 결정적 슛을 날린 것은 박지성이라고 생각했다.

'축구 신동, 안녕?'

박지성 선수가 손을 들어 활짝 웃으며 인사하는 듯했다.

지성은 여느 때처럼 손을 들어 마주 인사하지 못하는 게 아쉬웠다. 물구나무서서 인사하는 건 예의가 아니라고 생각하고 있는데, 발목이 제멋대로 까딱거렸다.

"지성이 형, 안녕?"

발짓으로 인사를 했다.

"위잉 위잉 위이이잉 위이이이이잉."

베란다에서 소리가 들렸다.

아빠는 오늘도 풀 베는 기계를 손보고 있을 것이다. 전원을 껐다 켰다를 반복하면서.

이제는 누가 일거리를 주지 않는데도 아침마다 기계를 만졌다. 지성은 저 소리만 들으면 머리가 아팠다. 귀를 막으려 하는데 귀를 막을 손이 없다.

지성은 아무래도 전화를 해야 할 것 같아서 휴대폰을 찾았다.

휴대폰을 넣어 둔 가방이 책상 위에 있었다. 지성은 가방을 집으려 다리를 내렸다. 그러자 기울어지는 다리 무게를 두 팔이 버티지 못해 바닥으로 엎어졌다. 바닥에 부딪혀 입과 코가 얼얼했다. 무릎도 아팠다.

지성은 물구나무서서 다시 시도했다. 두 팔로 버티고 서서 발을 책상으로 내렸다. 팔에 힘줄이 불거졌다. 얼굴이 벌겋게 되었다. 중심을 잡고 서 있으려 했으나 엄지발가락이 가방에 닿기 전에 또 엎어졌다.

결국 지성은 '엎드려뻗쳐' 자세를 했다. 손바닥은 방바닥에, 발가락은 책상 위에 대고 엎드렸다. 축구부 시절에 토끼뜀, 팔굽혀펴기, 원산폭격 등 다양한 벌 운동으로 몸을 단련시켰기에 엎드려뻗쳐 정도는 식은 죽 먹기였다. 지성은 발로 가방을 밀어 바닥에 떨어뜨렸다. 누운 상태에서 가방을 열어 휴대폰을 꺼냈다.

지성은 망설였다.

식료품을 다듬고 있을 엄마가 떠올랐다. 벨이 울리면 엄마는 눈치를 보다가 화장실에 다녀온다고 하면서 일어날 것이다.

"엄마, 똑바로 서지지 않아요."

지성이 말하면 엄마는

"위급한 일 아니면 전화하지 말랬지."

화를 낼지도 몰랐다.

사실 지성은 지금 자신에게 일어나는 일이, 세상을 거꾸로 보는 자세를 하는 이 일이 정말 위급한 일인지, 만일 위급한 일이

더라도 잠시 시간이 지나면 끝나는 일인지, 어디 가서 치료를 받아야 하는 일인지, 만일 치료를 받는다면 어디로 가야할지 돈은 또 얼마나 드는지, 그 모든 게 알 수도 없고 아는 것도 두려웠다. 그래서 엄마한테 전화하지 않기로 했다.

"누나한테 할까?"

누나는 지성과 달리 공부를 잘했다. 성공한 사회인으로서 커리어우먼이 되고 싶어 했다. 장학금을 받으며 일류 대학을 다녔으나 졸업 후 취업이 되지 않았다. 대학원에 들어갔으나 학비가 없었다. 지금은 휴학 중이다. 지성이 "누나, 똑바로 서지지 않아." 하면 "공부나 해라." 하며 일방적으로 전화를 끊을 것이다. 아니, 아예 안 받을 것 같았다.

"윙윙위이이이이이잉."

머리가 어질어질하고 속이 메스꺼웠다.

지성의 방은 베란다와 붙어 있어서 소리도 잘 들렸고 냄새도 잘 스며들었다. 기계 엔진이 돌아가며 석유나 고무 타는 냄새가 났다. 담배 냄새까지 솔솔 기어들어 왔다.

"아빠가 또 담배를 피우시네. 엄마가 그렇게 피우지 말라고 하는데."

시계를 봤다. 벌써 8시 35분.

지각하지 않으려면 총알같이 날아가야 했다. 날아가는 건 문제가 아니었다. 지성은 빨랐다. 순간 속력을 내 달리는 데 뛰어난 재능이 있었다. 순발력도 뛰어나서 달려드는 수비수를 재빠르게 제쳤고, 공에 끝까지 따라붙어 골까지 연결시키는 집중력도 강했다.

"축구 신동을 발견해 정말 기쁩니다."

잠수중학교 축구 감독이 말했다. 턱 코치는 옆에서 빙긋이 웃었다.

초등학교 6학년 가을이었다. 지역 대표 선발전에서 지성이 후반부에 미드필더로 투입되었고 그때 골을 하나 넣었다. 그 모습을 본 잠수중학교 감독이 지성을 스카우트하려고 왔던 것이다.

"신동은 무슨……."

엄마는 난감해하는 표정이었다. 아빠는 '전 국토 정원 조성 사업'을 위해 지방 출장 중이었다. 엄마가 말했다.

"축구를 해서 무슨……요즘 세상에 대학 나와야 사람 취급받는데 운동한답시고 공부도 안 하면……그러다가 대학도 못 가고 취업도 못하면……먹고 살 수나 있겠어요."

"저희 학교 축구부 출신이 국가대표팀에서 뛰고 있습니다. 열심히 하면 길이 열리지 않겠습니까?"

엄마는 흑인처럼 새까맣게 타고 자신만만한 표정의 축구 감독에게 이것저것 물어보았다. 그곳 중학교에 가면 어디서 생활하는지, 학교나 정부에서 지원을 얼마나 받고 있는지.

지성은 잠수중학교의 축구부를 소문으로 알고 있었다. 텔레비전에서도 보았다. 축구 좀 하는 초등학생이라면 누구나 가고 싶어 하는 중학교였다.

과학적이고 체계적인 훈련, 깨끗한 합숙 시설, 푸른 인조 잔디가 깔린 운동장, 푸짐한 먹거리……. 삼겹살을 구워 먹고 삼계탕을 먹는 축구부원들의 얼굴이 천국을 표현하고 있었다.

"열심히 할게요. 공부도 열심히 할게요. 대학도 갈게요."

지성은 엄마 팔을 잡고 애원했다. 엄마가 입술을 깨물더니 감독에게 물었다.

"한 달에 얼마나 들어요?"

턱 코치는 턱을 만지며 어험어험 헛기침을 하더니 슬그머니 일어나 밖으로 나갔다.

매달 기본 90만원은 들어간다고 잠수중학교 감독이 대답했다.

"어머나! 스카우트해 가면 돈이 적게 들어야 하지 않아요? 지금도 얼마나 많이 들어가는데……."

엄마가 어처구니없다는 표정이었다. 지성도 그렇게 많이 드는지 몰랐다.

"저희 학교 축구부원은 다 스카우트해서 데려온 아이들입니다."

정부 지원을 받아서 그나마 적게 드는 거라면서 감독은 미래를 위해 투자해야 한다고 길게 설명했다. 설명을 듣는 동안 엄마는 턱 코치가 나가며 열어 놓은 현관문만 바라보았고, 지성은 고개를 푹 숙이며 자기 손바닥만 내려다보았다. 손바닥으로 눈물이 떨어졌다.

2008년의 일이었다.

2011년 현재 지성이네는 3년 전과 달라지지 않았다. 3년 동안 열심히 일했으나 오히려 더 열악해졌다. 물가가 기하급수적으로 오른 탓도 있고, 아이들은 성장하고 어른들은 늙어가는 데 따른 지출 탓도 있을 것이다. 하지만 열악한 생활의 원인은 따로 있었다. 달마다 더블에스 그룹에 들어가는 보상금이 그것이었다.

벌써 9시가 되었다. 1교시 시작종이 울렸을 것이다.

"오늘 1교시가 뭐더라?"

기억이 나지 않았다.

"아무렴 어때."

체육만 아니면 되었다. 체육 외에 어떤 선생도 지성에게 관심을 가지지 않았다. 지성은 반에서 31등이었다. 3학년 1반 32명 중 31등. 전교 등수는 떠올리고 싶지도 않았다. 체육 실기 점수가 좋아서 그나마 꼴등을 면했다.

"잠수중학교에 갔다면 잘했을 텐데."

지성은 한숨이 나왔다.

베란다에서 연장들 부딪히는 소리가 들렸다.

아빠가 곡괭이나 호미, 삽 같은 연장을 만지는 것이다. '제2의 손'이라고 할 만큼 손에 익은 연장들. 지금은 베란다 구석에서 녹슬어 가고 있는 연장들. 녹슬지 않도록 아빠는 매일 아침 암흑 속에서 그것들을 만졌다.

지성의 아빠는 나무를 심고 키우는 정원사였다. 나무의 상처를 치료하기도 했다. 열 살 때부터 해 온 일이었다. 아빠는 더블에스 그룹에 스물두 살에 입사해서 쉰다섯 살이 될 때까지 일했다. 정확하게 말하면 더블에스 그룹 하청 업체 중 하나인 정원 관리 용역 회사 직원이었다. 더블에스는 1999년 구조 조정 당시 새로 만든 하청 업체로 대거 직원들을 옮겨 보냈는데, 아빠를 비롯한 대부분의 직원들이 그 사실을 모르고 있었다. 아빠는 더블에스의 유니폼을 입고 서울에서 제주까지 전국에 세워지는 공원 조성 사업에 일을 해 왔다.

"어험, 커억 퉤!"

아빠가 침 뱉는 소리였다.

작년 가을 아빠는 큰일을 했다.

지성이네 가정에 있어서 향후 942년간 잊지 못할 역사적인 사건이었다.

더블에스 그룹 본사 앞 정원 가꾸는 일이었다. 늘 해 오던 일이고 십 분이면 끝날 일이라 지성의 아빠는 보호 장구를 하지 않았는데, 33년간 단 한 번도 거르지 않던 안전 수칙을 그날 깜빡

잊은 것이다. 제초 기계를 대걸레처럼 잡고 잡초를 밀던 아빠가 '세계로 뻗는 기업'이라 새겨진 바위 옆을 지날 때였다.

"위이이잉."

빠르게 회전하며 돌아가는 칼날에 아무런 예고도 없이 돌 조각이 튀어 올랐다. 칼날처럼 날아간 돌 조각은 아빠의 오른쪽 눈동자를 찔렀다. 지성의 아빠는 왼쪽 눈을 실명했는데, 오른쪽 눈도 급격히 시력을 잃어 가고 있었다. 일도 할 수 없게 되었다.

퇴직금을 정산할 때 아빠는 자신이 더블에스 그룹 직원이 아니라는 것을 알게 되었다. 그 길로 변호사를 찾아다니며 억울함을 토로했다. 인터넷 광장에도 알려졌다. 한 달 뒤, 지성이네 집으로 소송장이 날아왔다. 더블에스 그룹이 손해배상금을 청구한 것이다. 그날 정원 가꾸기 작업을 아빠가 제때 못해서 오찬회를 망쳤고 그 바람에 막대한 피해를 입었다는 것이다.

"명목상 핑계지. 세상에 더 알려지지 않게 우리 입을 막으려는 거라고."

누나가 소송장을 보며 말했다.

지성의 누나뿐 아니라 가족은 물론 주위 사람들도 다 회사 측의 의도를 알고 있었다. 그렇다고 폭력을 피할 수는 없었다. 지성의 아빠는 눈을 잃고 손해배상금도 물어야 했다.

판결에 의하면 더블에스 그룹의 세계적 위상을 생각하면 더 높이 책정되어야 하겠지만, 정원사의 가정 형편을 고려하여 113

억 원으로 결정되었다고 했다.

현재 지성이네 가정은 달마다 100만 원씩 압류돼 빠져나가는데, 앞으로 1만 1천3백 개월간 그러니까 942년 동안 배상해야 한다. 지성이 죽은 후 그 자식의 자식과 또 그 자식의 자식에게도 빚이 있는 것이다. 지성은 결혼을 안 하기로 했다.

"퉤!"

욕지기가 올라와 지성은 침을 뱉었다.

벌처럼 날아 올라간 거품 침이 이마로 떨어졌다. 지성은 머리를 흔들어 이마에 묻은 침을 털어 내려 했다. 침은 착 달라붙어 떨어지지 않았다. 휴대폰이 울렸다.

"야, 강지성."

이한나였다.

초등학교 동창이었어도 소 닭 보듯 하는 사이였는데 지성의 아빠 문제로 부모님들이 왕래하면서 전화번호를 주고받았던 것이다.

"너 뭐해? 왜 안 와? 어디 아파?"

한나가 연거푸 물었다.

"아……아픈 건 아닌데……그게…….""

지성이 망설이다가 말했다. 몸이 말을 안 듣고, 똑바로 안 서진다고.

그러자 한나가 말했다.

"그럴 수도 있지. 얼른 와."

지성은 가방을 들려고 몇 번 시도하다가 포기했다.

몸만 가기로 했다. 가방을 가져가려면 입에 물고 끌고 가든지 발가락에 걸고 가야 했다. 지성은 만약 오늘의 악몽이 오늘로 끝나지 않는다면 내일 가방 드는 훈련을 해도 늦지 않을 거라고 생각했다.

"어? 아직 안 나갔냐?"

지성이 방을 나가자 아빠가 깜짝 놀라며 물었다.

아빠는 베란다에 서서 거실 쪽을 돌아보고 있었다. 하얀 막이 낀 두 눈동자가 흔들렸다. 두 눈동자는 지성의 발끝 부분을 바라보고 있었다. 지성은 아빠가 실명한 것을 알고 있었지만, 새삼 팔의 힘이 쭉 빠지는 기분이었다. 뭔가 힘이 되는 말을 하고 싶어서 입을 열었다.

"기계는 잘 돌아가요?"

"으음. 그렇지, 뭐."

아빠는 우물거리며 말하고는 베란다 문을 두 손으로 더듬어 찾더니 조심스레 밀어 닫았다.

집을 나온 지성은 한 손 한 손 걸었다. 사람들이 힐끗힐끗 쳐다보았다. 사람 없는 길에서는 텀블링을 하며 갔다. 교문이 보였다. 마라톤을 완주한 것처럼 기뻤다.

"지성이 물구나무서기 연습하나?"

화단에 물을 주던 경비 아저씨가 물었다.

"네!"

지성이 씩씩하게 대답하며 지나갔다.

승리관으로 들어섰다. 마침 2교시가 끝나고 쉬는 시간이었다.

지성은 아이들의 발길에 얼굴이 차이지 않도록 조심하며 걸었다. 입에 먼지가 들어와 컥컥거리며 기침을 하기도 했다. 침이 얼굴에 튀었다. 여학생들은 힐끔거리며 피했다. 어떤 여학생은 변태라며 손가락질하기도 했다. 교실까지 왔을 때 지성은 그만 바닥에 눕고 싶어졌다.

"어? 정말이네."

복도 끝에서부터 물구나무서서 걸어오는 모습을 지켜보던 한나가 말했다.

"근데 치마 속 보려고 그런 걸로 오해하겠다."

한나가 치마를 모으며 말했다.

지성은 교실 맨 뒤 벽에 기대 물구나무서서 수업을 들었다.

벌을 서는 것 같았다. 쉬는 시간에는 엎드려 누워 있다가 수업 종이 울리면 다시 물구나무섰다. 6교시까지 무사히 수업을 마쳤다. 어떤 선생님도 지성에게 왜 물구나무서는지 묻지 않았다. 6교시가 끝나고 집으로 돌아가려고 하는데 회장이 와서 말했다.

"너 상담실에서 불러."

“왜?”

회장은 어깨를 으쓱해 보이고는 돌아섰다.

“문 좀 열어 주세요.”

상담실 문 앞에서 지성이 외쳤다.

문이 열리고 덩치 큰 여자가 보였다.

지성은 상담실도 처음이고 상담 선생님을 보는 것도 처음이었다. 덩치가 크다는 말은 들은 적이 있었다. 정말 컸다. 거꾸로 봐서 그런지 상체가 더 커 보였다. 아이들은 상담 선생님을 ‘덩치’라고 불렀다. 덩치가 지성을 내려다보며 말했다.

“물구나무서서 다닌다더니 정말 그렇구나. 어서 들어와라.”

상담실은 작았다. 책상, 선생 의자, 학생 의자, 2인용 소파가 있는 게 다였다.

지성이 물었다.

“제가 물구나무서는 거 어떻게 알았어요?”

“의자에 앉을 수 없겠구나. 저기 앉아라. 눕든지.”

지성은 분홍색 소파에 올라가 몸을 기댔다. 소파 양쪽 팔걸이에 머리와 다리를 올리니 졸음이 몰려왔다. 벽에 걸린 액자가 눈에 들어왔다. 액자 속 그림은 붉은색과 푸른색의 커다란 원이었다.

“그래, 자꾸 물구나무선다고?”

덩치는 컴퓨터 모니터를 보며 물었다.

"네."

"언제부터 그랬니?"

"오늘 아침부터 그랬어요. 잠에서 깨니까 몸이 똑바로 서지지 않았어요."

덩치는 지성이 하는 말을 컴퓨터에 입력하고 또 물었다.

"왜 그런 것 같니'?"

"불꽃놀이 때문이에요."

"똑바로 서 보려고 노력은 했고?"

지성은 얼마나 노력했는지, 몸이 얼마나 말을 안 듣는지 자세하게 설명했다. 지성의 말을 계속 받아 입력하며 덩치가 또 물었다.

"지금 기분은?"

지성은 눈을 감으며 중얼거렸다.

"너무 피곤해요……."

소파가 너무 편해서 다시 눈 뜨고 싶지 않았다.

지성은 우주에 홀로 서 있었다. 사람 하나 없는 캄캄한 우주. 주위에 어둠뿐이라는 걸 알아차리는 순간, 별들이 떠올랐다. 빨간색 파란색 별들이 지성을 에워쌌다. 둥글게 원을 그리며 천천히 돌던 별들이 점점 빠르게 돌아갔다. 보랏빛 소용돌이가 되었다. 소용돌이는 커다란 눈동자처럼 빛났다. 눈동자가 말했다.

‘두카’

‘네에?’

반문하면서 지성은 눈을 떴다.

낯설면서 익숙한 음성이었다. 지성 자신의 음성 같기도 하고 아빠의 음성 같기도 했다. 힘들고 고통스러운 느낌이었다. 그것이 단어의 의미 같았다. 지성은 눈을 깜빡거리며 고개를 들었다.

덩치는 키보드에 손을 올려놓은 채 허공을 응시하더니 입을 열었다.

“예전에 나는 공벌레가 돼 본 적은 있어.”

“네? 공벌레요?”

“그래, 공벌레. 손으로 톡 건드리면 동그랗게 말고는 죽은 척 하는 벌레.”

“언제요? 왜요?”

“대학교 4학년 때야. 그때 나는 상담 일을 하는 건 꿈도 꾸지 않았지. 화학을 전공했거든. 새로운 화학식을 정립하기 위해 밤낮 없이 실험실에 있었지. 논문이 거의 끝나 갈 무렵 어느 날 아침에 갑자기 몸이 공처럼 말리더니 펴지지 않더구나.”

“그래서 어떻게 했어요?”

“몸이 공처럼 되었으니 할 수 있는 건 굴러다니는 것밖에 없었지. 길이란 길은 다 굴러다닌 것 같구나. 찻길이며 인도며 시골길이며 숲길이나 해변 길…… 그러면서 존재론적 고민을 엄청 했지."

'존재론적 고민?'

지성은 생각했다. '존재'란 말을 들은 적 있지만 무슨 뜻인지는 몰랐다. 막연하게나마 알 듯한 것은 아빠도 그런 고민을 했지 싶다는 것이다. 집보다 더 집 같은 일터에서, 돌 조각이 눈을 파고 들어 시신경을 파열시키는 그 순간에, 자신을 배반한 듯한 기계와 연장 들을 만지며 담배를 피울 때, 달마다 마이너스를 기록하는 통장을 볼 때 아빠는 그런 생각을 할 것 같았다. 나는 누구인가? 여기는 어딘가? 왜 살아가야만 하나? 언제까지 살아야 하나……. 엄마와 누나도 그런 생각을 할 것 같았다.

지성이 물었다.

"어떻게 나았어요?"

덩치가 등을 펴며 의자에 기댔다. 지성을 물끄러미 바라보았다. 오른손으로 턱을 받치며 곰곰이 생각하는 눈치였다. 입을 열었다.

"그게……생각이 안 나는구나. 어느 날 갑자기 직립이 되었는데. 언제 내가 공벌레였냐 싶게 더 이상 몸이 말려지지 않더구나."

"공벌레로 열심히 살아서일까요? 존재론적 고민을 열심히 해서일까요?"

"글쎄, 잘 모르겠구나. 둘 다인 것도 같고, 둘 다 아닌 것도 같고. 지성이 생각은 어때?”

지성은 머릿속 칠판에 흰색 분필로 ‘존재론적 고민’과 ‘물구나무’를 써 보았다. 힘겹게 쓴 글씨를 보이지 않는 커다란 손이 나타나 지워 버렸다. 분필 가루가 하얗게 날렸다. 덩치가 엄마 미소를 지으며 가만히 지성을 보았다.

지성의 머릿속에서는 여전히 분필 가루만 날렸다. 풀풀 날리는 가루를 헤치고 보이지 않는 손이 불쑥 나타나 빨간 분필로 뭔가 쓰기 시작했다. 칠판 가득 숫자가 채워졌다.

‘11,300,000,000원 942년. 11,300,000,000원 942년. 11,300,000,000원 942년…….’

“아까 너 물구나무선 거 내가 어떻게 알았냐고 물었지?”

숫자들 사이로 덩치의 목소리가 들어왔다.

“점심시간에 누가 상담 신청 쪽지를 넣어 놨더라. 또 어떤 남자애도 와서 말해 줬어. 얼굴이 하얗고 아주 예의 바른 학생이었지.”

상담실을 나온 지성이 교실로 가려 했는데, 두 손이 제멋대로 운동장으로 갔다. 팔이 아파했다. 은행나무에 기댔다. 보호수처럼 넓은 그늘을 드리운 은행나무에 지성은 두 손을 깍지 끼고 머리를 받쳤다. 팔꿈치는 땅을 짚고 등은 나무에 기댔다. 한결 편했다. 성공관 입구에서 1학년들이, 승리관 입구에서 2, 3학년

들이 거꾸로 서서 막 달려 나왔다. 일찍 퇴근하는 선생님도 거꾸로 걷고 있었다.

"재밌어?"

체육복으로 갈아입은 한나가 옆에 서 있었다. 지성은 이마에 주름을 잡으며 인상을 썼다. 한나가 옆에 엎드렸다. 지성이 말했다.

"내가 재미로 물구나무서 있는 거 같냐?"

한나가 웃으며 말했다.

"거꾸로 보면 어떻게 보이나 궁금하기도 하고 평소와 달라 보일 것도 같고."

한나가 물구나무서려고 했다. 잘 되지 않았다. 다리가 위로 올라갔다가 떨어지기를 여러 번. 지성이 가르쳐 줬다.

"손을 뒤로, 머리를 손바닥으로 감싸 안듯이 하고 팔꿈치를 땅에 대고 해 봐."

한나는 세 번 실패하고 네 번째에 물구나무서는 데 성공했다. 지성이 물었다.

"어때……?"

한나는 아무 말도 안 했다. 지성은 하늘을 보았다.

하늘은 발아래에 깔려 있었다. 은행나무 가지 사이로 빛이 눈부셨다. 지성은 눈을 게슴츠레 뜨고 바라보았다. 연두색 은행잎이 투명한 빛을 발했다. 연못에 뜬 낙엽처럼 살랑살랑 흔들렸다. 언뜻언뜻 흰 구름들이 보였다. 축구공처럼 둥근 구름도 보였다. 공은 움직이지 않았다. 바람만 움직였다. 살랑살랑. 빗질하며 지나갔다.

지성은 졸음이 몰려오는 걸 느꼈다.

눈꺼풀이 무겁게 내려앉았다. 문득 이 모든 게 어쩌면 꿈일지도 모른다는 생각이 들었다. 거울처럼 반사되어 비현실이 현실처럼 되어버린 꿈. 똑바로 선 지성이라는 아이의 거꾸로 반사된 꿈. 지성은 그 꿈의 거울이 너무 거대해서 자기가 압도당하고 있는 것은 아닌지, 그래서 꿈이 꿈인 줄도 모르고 있는 거라는 생각이 들었다.

무거운 눈꺼풀을 들어 다시 보았을 때 언뜻언뜻 보이던 축구공이 저만치 굴러가 있었다. 공은 멈추어 있으려 해도 바람은 가만두지 않았다. 옅게 깔린 푸른 하늘을 바람이 빗질하며 지나갔다. 지성의 머릿속 존재론적 고민도, 113억원과 942년이라는 숫자도 가지런히 바람에 쓸려 가고 있었다.

늑대아빠

이한나

1

아빠는 늑대다. 늑대가 된 아빠는 순해졌다. 순하고 착해진 아빠는 안방에서 사육되었다.

사육되는 건 좋은 일이었다. 집에 있던 벌레들이 다 사라졌기 때문이다. 벌레는 장롱과 싱크대와 책상 사이사이에서 기어 나와 아빠의 커다란 앞발에 맞아 죽었다. 벌레를 먹은 아빠는 더 튼튼해졌고 보름달 달빛이 강물처럼 밀려들던 날 밤, 탈출했다.

아빠가 집을 나간 지 두 달이 넘었다.

멀리서 늑대 소리가 들려온다. 귓바퀴가 움직인다. 움찔움찔. 안테나처럼 귀 끝이 세워지는 느낌이다. 뭐라고 하는 거지?

알 수 없는 의미를 남긴 채 소리는 사라지고. 느껴지는 미세한 진동.

나는 눈을 감고 소리의 꼬리를 뒤쫓는다. 바람을 따라 달려가는 모습을 상상한다. 운동장을 가로질러 담장을 훌쩍 날아오른다. 먼지 냄새를 맡으며 찬 건물들 사이를 누빈다. 크고 작은 회색 건물들. 이리저리 헤매다가 다다른 막다른 골목. 멈춰 서서 집중한다. 소리가 너무 희미하다. 놓쳤다. 어느 쪽이지? 이리저리 안테나를 옮겨 보지만 방향을 가늠할 수 없다. 꽤 멀리 있는 것 같다. 아빠는 어디로 간 걸까?

크흥 크흥. 콧부리가 절로 실룩거린다. 석유 섞인 흙냄새, 농약 묻은 꽃향기, 비릿한 땀내. 인간 냄새만 난다. 야생의 냄새는 없다. 나는 눈을 뜬다.

은행나무 가지 사이로 비치는 햇살. 물구나무를 서니 하늘에 서 있는 느낌이다.

기분이 괜찮은데 몸은 그렇지 않나 보다. 머리통은 땅속으로 박히기 직전이고 팔은 저리다며 비명을 내지른다.

"정말……힘들구나."

지성은 내 말에 아무 대꾸도 않는다. 나는 물구나무섰던 다리를 내린다. 일어난다. 발바닥이 땅에 닿자 머리가 띵하다.

"그만하고 집에 가."

지성이 씩 웃기만 한다. 얼굴은 진보라색이 돼 있고 머리카락은 뿌리처럼 땅속을 파고들었다. 물구나무선 지성은 나무가 되어 가고 있다. 병원에 가 봐야겠다.

어제 에덴동물병원 원장은 전국에 있는 동물병원이나 수의사 협회, 경찰서나 소방서 등에 특이 사항은 없는지, 이를 테면 올가미에 걸리거나 로드킬을 당해 들어온 늑대가 접수된 건 없는지 알아봐 준다고 했다.

"하지만 소용없는 일이다."

원장이 말했다. 나는 왜 소용없는 일인지 물었다.

할아버지 같기도 하고 할머니 같기도 한 에덴 원장은 나를 물끄러미 보기만 했다. 물끄러미 보는 눈빛이 뭔가 말을 하는 것 같은데 의미를 알 수가 없었다. 나는 갑자기 얼굴이 가려워 서둘러 에덴을 나왔었다.

"아빠는?"

3교시가 끝나고 혜수가 물었다. 나는 화장실에서 거울을 보며 여드름을 짜고 있었다. 거울에 비친 혜수는 걱정 근심을 가득 담고 있었다. 나는 고개를 저었다. 빨간 분화구에서 깨알 같은 고름이 튀어나왔다.

"으흐……."

신음 소리가 절로 나왔다. 인상이 써졌다. 고름 뒤로 피가 나왔다. 나는 계속 피를 짜냈다. 아팠다. 아프지만 시원했다. 나는 손을 닦고 혜수에게로 돌아섰다. 피 냄새가 물씬 풍겼다.

"너 마법에 걸렸구나."

"어? 어떻게 알았어? 정말……."

혜수 얼굴이 빨개졌다. 빨개진 혜수 얼굴을 보자 나는 정말 아빠가 돌아오기를 바라는지 의문이 들었다.

2

아빠는 늑대다. 늑대가 된 아빠는 순해졌다. 순하고 착해진 아빠는 안방에서 사육되었다.

사육되는 건 좋은 일이었다. 집에 있던 벌레들이 다 사라졌다. 사라진 건 벌레만이 아니었다. 보름달 달빛을 타고 아빠도 사라지고 아빠의 물건들도 사라졌다. 안방은 이제 말끔하게 치워졌다. 죽은 바퀴벌레 자국이 있던 벽지는 뜯겨지고 바이올렛 꽃무늬 벽지로 도배되었다. 내 방으로 옮겼던 화장대와 옷장은 다시 안방으로 옮겨졌다.

"이제 인간답게 살겠네."

엄마가 짜장면을 먹으며 말했다.

"경쟁률이 얼마나 셌는지 아니?"

엄마는 우리나라에서 제일 크다는 대형마트에 취직이 되어 지하 2층 분식 코너를 맡았다.

"참 다행 아니니? 그렇잖아도 학교 앞에 분식점을 내 볼까 했는데. 경험 삼아 먼저 해 보는 거지. 잘됐지?"

내가 단무지를 집으며 말했다.

"학교 앞 가게들 다 망했는데? 세 개 있던 분식점도 닫았고, 제일 오래된 문구점도 닫았어."

"그래?"

잠시 후 입을 닦으며 엄마가 말했다.

"그러면……목사님이랑 의논하면 돼. 이번에도 얼마나 많이 기도해 주셨는데."

나는 5월에 있을 행사와 입학과 졸업식 때 잔뜩 몰려들던 꽃장수들을 떠올렸다. 내가 말했다.

"꽃 가게는 어때?"

엄마가 두 손을 허리에 올리며 꽃무늬 벽지를 휘 둘러보며 말했다.

"어휴, 그 냄새, 얼마나 지독했던지……. 이제 질식해 죽을 걱정은 없겠다."

하지만 무더운 여름날 밀림에서 풍길 법한 야생의 냄새가 말끔히 사라진 건 아니었다. 냄새는 벽과 바닥의 시멘트에, 장롱과 이부자리, 책상과 의자에 깊게 스며들어 있었다.

화장실에서 여드름을 짜고 나와 교실에 들어섰다.

교실은 시끌벅적했다. 교실 뒤편에서 말뚝박기 놀이 하는 아이들, 책상에 걸터앉아 수다 떠는 아이들, 서로 치고받으며 깔깔대는 아이들, 혼자 휴대폰 게임하는 아이들……. 가운데 앉은 아이들은 공부하고 있었다. 교실은 달걀 프라이다. 가운데는 노른자, 가장자리는 흰자. 노랗게 뭉쳐 있는 아이들과 하얗게 퍼져 있는 아이들. 지성은 여전히 벽에 기대 물구나무서 있었다.

"건강한 가정생활을 위해 꼭 필요한 건 뭘까?"

4교시 기술·가정 선생님이 질문을 했다.

아무도 대답하지 않았다. 기·가 선생님이 아이들을 훑어보았다.

나는 고개를 숙였다. 교과서가 눈에 들어왔다. 가정생활과 복지 단원의 들어가기 문제였다. 나는 기·가 교과서를 볼 때마다 '기술'과 '가정'이 무슨 연관이 있는지 의문이 든다.

"대답 한 번에 상점 1점이다."

그 말이 떨어지기 무섭게 노른자들이 손을 번쩍번쩍 들었다. 나는 흰자이지만 손을 들었다. 김승기가 벌떡 일어났다.

"경제적 안정입니다. 그래야 쾌적한 환경에서 건강한 생활을 영위할 수 있습니다."

엄마는 안방을 볼 때마다 한숨을 쉬었다.

"어휴, 저 인간……. 퇴직금도 다 썼는데……."

아빠는 아랑곳하지 않았다. 바퀴벌레를 때려잡고 그 발을 혀로 핥았다. 돼지우리 같은 안방에서 아빠는 눈을 번뜩였다.

"정서적 안정감을 유지하는 데 경제적 요소가 중요하지. 그리고 뭐가 더 필요할까?"

기·가는 별로 중요한 문제 같지도 않은데 자꾸 시켰다. 내게 중요한 문제는 아빠가 지금 없다는 것이다. 아무 연락이 없다는 사실이 나를 답답하게 한다.

도대체 어디로 간 걸까?

나는 운동장을 지나다가 뒤돌아본다. 지성은 은행나무에 기대 여전히 물구나무서 있다.

"띠리리릭 띠리리릭 파란불이 켜졌습니다. 건너가도 됩니다."

나는 운동장을 달린다. 교문을 나서고 횡단보도를 건넌다. 두 갈래 길에서 왼쪽으로 달린다. 출입문에 '폐점 임박, 70프로 세일'이란 글이 붙어 있는 둘리문구점을 지난다. 에덴동물병원 간판이 보인다. 나는 멈춰 서서 숨을 고른 뒤에 출입문을 밀고 들어선다. 문에 달린 방울이 소리를 낸다. 진료실에 있던 간호사 언니가 얼굴을 빼꼼 내다보더니 내 얼굴을 확인하고는 말한다.

"잠깐만 기다려."

나는 앉아서 벽에 붙어 있는 전단지를 본다.

'가족을 찾습니다.'

지난달 밤 산책하는 길에 열한 살 된 개를 잃어버렸다고 한다. 저런, 어쩌다가. 나는 혀를 찬다. 사진을 본다. 가슴에 십자 무늬 흰털이 있는 개가 귀를 쫑긋 세우고 있다.

우리도 전단지를 돌려야 하지 않을까?

'늑대가 된 아빠를 찾습니다. 진회색 거친 털의 늑대. 늑대 나이는 다섯 살, 인간 나이로는 마흔다섯 살. 보름달 뜬 밤 안방에서 잃어버림. 사진 첨부. 전화번호 기재. 찾으면 후사하겠음.'

후사하겠다고? 전에도 후사해 본 적이 없는데.

아빠는 이미 두 번 탈출한 적 있다. 두 번 다 에덴으로 연락이 왔었다. 한 번은 아빠가 태어난 동네의 유기동물센터에서, 또 한 번은 아빠가 자랐다는 동네의 119 구조대에서. 그때 에덴 원장이 말했다.

"늑대는 무리 짓는 특성이 있어. 자기 소속감을 느껴야 비로소 살아 있다 느끼지. 그러니 혼자된 늑대는 결국 마을로 내려오게 되는 거란다."

진료실에서 낑낑거리는 소리가 들린다.

어린 강아지다. 병이 깊은 것 같다. 피를 뽑는 듯. 긴장과 안타까움이 느껴지는 에덴 원장과 간호사 언니의 숨소리. 슬픔을 억누르지만 새어 나오는 다른 인간의 숨소리. 진료실에서 나는 냄새는 지독하다. 입원한 동물들에게서 나는 피 냄새, 고름 냄새, 소독약 냄새, 죽기 전에 토해 내는 배설물 냄새 그리고 죽음의 냄새.

"본성대로 사는 거요."

기술·가정 시간에 내가 대답했다.

선생님 눈이 동그랗게 되었다. 무슨 뚱딴지 같은 소리냐 하는 표정이었다.

외할머니는 생전에 자주 말했다.

"개돼지도 다 제 본성대로 먹고 뛰놀아야 행복한 법인데. 하물며 인간이야."

"혹시 아빠가 목사님이시니?"

기·가 선생님이 물었다. 한나라는 이름에서 목사님을 떠올린 모양이었다.

나는 고개를 저었다.

한나라는 이름은 성경책에 나온다. '기도의 어머니'라고 부른다. 성경책 속의 한나는 불임이라서 아이를 낳으면 하느님께 바치겠다고 한다. 기도가 이루어져 한나는 약속대로 낳은 아이를 바친다. 그 아이가 사무엘이라는 사제가 된다.

엄마도 한나처럼 불임이었는데 기도하고 나서 나를 낳았다고 했다. 내가 아들이었다면 '사무엘'이 됐을지도 몰랐다. 이름이 너무 종교적이어서 사람들은 묻곤 한다.

"아빠가 목사님이시니?"

나는 그때마다 얼굴이 가려워 여드름을 만지작거리곤 한다.

아빠는 날마다 새벽 기도를 갔고, 일요일에는 가정 예배를 준비해 설교했다.

“기도할 때 평소랑 아주 다르세요.”

“성령이 불같이 임하시나 봐요.”

“나는 언제 그런 은사를 받을까요?”

교회 신도들은 아빠를 부러워했다.

“사단아, 물러가라!”

가정 예배 시간에 내가 꾸벅꾸벅 졸면 아빠는 그렇게 소리쳤다.

과연 졸음이라는 사단은 썩 물러가곤 했다.

“거짓말이나 도둑질, 살인만 죄가 아니다. 시기 질투, 탐욕, 교만, 어리석음은 물론이고 말씀에 귀 기울이지 못하게 하는 졸음도 사단이다.”

일리 있는 말이지만 억울했다.

전날 늦게까지 공부하느라 졸릴 때도 있고 몸이 아파서 눈이 감길 때도 있었다.

아빠 말이 항상 옳을까? 아빠 말을 의심하는 게 사단일까? 의심하는 게 옳지 않을까? 의심하는 걸 의심하는 게 옳을까? 모르겠다. 믿는 자에게 복이 있다고 했는데. 나는 복 받긴 글렀나 보다.

날카로운 비명이 들린다. 진료실 진찰대에 누워 있는 강아지가 내지르는 비명이다. 몇 초 후면 죽을 거다. 느낌이 그렇다. 강아지는 집에서 죽고 싶어 한다. 그런데…… 나는 일어나서

에덴을 나온다. 내가 기다리며 있을 곳은 에덴이 아닌 것 같다.
　나는 집으로 달려간다.

3

　아빠는 늑대다. 늑대가 된 아빠는 순해졌다. 순하고 착해진 아
빠는 늑대가 되기 전에 혀를 차며 말하곤 했다.
　"아들로 태어났으면 목사가 됐을 걸."
　"여자 목사도 있잖아. 우리 한나는 할 수 있어."
　엄마는 자신이 가진 긍정의 거울을 내게로 반사했다. 그때마
다 나는 외할머니의 말을 떠올렸다.
　"너는 한나가 아니고 현정이다. 현정이로 살아라."
　할머니와 할아버지는 아빠가 네 살 때 전염병으로 돌아가셨
다. 아빠는 교회 집사님이 아들처럼 대해 줘서 그 집에서 중학
교까지 다녔다. 그 뒤 서울에 와서 '독하게' 살았다고 했다. 엄마
쪽은 외할머니 한 분뿐이다. 외할아버지나 친척들을 나는 모른
다. 사진도 없다. 엄마와 아빠는 우여곡절 끝에 결혼했는데 종
교가 달라서 못할 뻔했다. 엄마는 미련 없이 개종한 반면 외할머
니는 들은 척도 안 했다.
　내가 일곱 살 때 일이다.
　아빠는 날마다 외할머니 집으로 갔다. 회사에서 퇴근하자마자

‘점占’이라는 삼각 깃발이 걸린 집으로 달려갔다. 할머니가 손님을 받는 ‘신방’ 바로 옆에서 아빠는 밤을 지냈다. 새벽까지 성경책을 읽고 기도하면서. 일요일을 빼고 날마다. 석 달 넘게 반복했다고 한다. 점집을 계속하면 딸과의 인연은 물론이고 손녀도 볼 수 없을 거라고 했다. 타협의 말이 통하지 않았다. 결국 할머니는 점집을 닫겠노라고 두 손 들고 말았다.

하지만 정말로 그만둘 생각은 없었던 모양이었다. 할머니가 은근슬쩍 무당 일을 다시 하자 아빠는 단식기도에 들어갔다. 단식 두 주일이 되던 날 저녁, 아빠는 “목을 비틀라.”라는 음성을 들었다. 아빠는 곧장 달려가, 할머니가 신의 음성을 듣는 ‘신님’이라는 새를 정말로 목을 비틀어 죽였다. 할머니는 그 뒤로 시름시름 앓았다.

그렇게 신님이 죽은 지 8년이 지난, 작년 11월이었다.

탈출이 두 번 다 실패로 돌아가는 바람에 사나워진 아빠를 쇠사슬에 묶고 엄마와 나는 집을 나섰다. 안방 문밖에도 자물쇠를 걸었다. 엄마가 내 손을 잡고 말했다.

“할머니가 위독하시대.”

버스를 타고 지하철을 타고 또 마을버스를 타고 가서 내린 동네. 아주 어렸을 때 한 번 와 보고 두 번째여서 낯설었다. 엄마가 태극 무늬가 있는 나무 문을 주먹으로 두드리며 할머니를 불렀다.

"엄마, 엄마!"

문손잡이에 제 꼬리를 물고 있는 용이 새겨져 있었다. 나는 용을 만져 보려고 손을 내밀었다. 손등으로 물이 떨어졌다. 하늘을 올려다보았다. 눈이 내리고 있었다. 첫눈이었다. 나는 손등에 묻은 물을 닦다가 손톱 끝에 병아리 눈물만큼 남은 봉숭아 물을 보았다.

여름의 끝자락, 나는 아빠랑 손톱에 봉숭아 물을 들였다.

아빠가 자꾸 봉숭아 꽃잎을 먹으려고 해서 고구마 칩을 주며 시선을 다른 데로 돌렸지만 결국 앞발의 엄지발톱 하나밖에 물들이지 못했다. 그나마도 발톱이 너무 두꺼워 붉은색이 희미했다. 내가 아빠 머리를 쓰다듬으며 말했다.

"잘 참았어. 희미해도 봉숭아 물이야. 첫눈 올 때까지 잘 남겨 두자. 소원 빌어야지."

아빠는 그르릉대며 대답했다.

나는 손톱을 보다가 용을 보다가 하늘을 올려다보며 소원을 빌었다.

눈이 많이 내렸다. 다양하게 내렸다. 허공에서 뱅뱅 맴도는 눈, 내려오다가 깃털처럼 바람에 다시 날려 올라가는 눈, 별똥별처럼 직선으로 내리닫는 눈…….

아빠는 어떤 소원을 빌까? 인간으로 돌아가게 해 달라고 빌까?

아니면 늑대의 삶을 잘 누리게 해 달라고 빌까?

썰렁한 방 한가운데 할머니는 흰색 여름 한복을 입고 있었다. 몸에서 열이 나서 견딜 수 없다고 했다. 나는 할머니 앞에 무릎 꿇고 앉았다. 할머니가 내 손을 잡았다. 손이 짐승처럼 뜨거웠다.

"현정아, 너는 신의 딸이다. 신을 받아야 순탄하게 산다."

"엄마, 무슨 말이야! 한나는 목사 사모가 될 거야!"

엄마가 소리 질렀다.

엄마 아빠 말에 의하면 내 운명은 태몽에서 이미 정해졌다. 나는 영적인 사람으로, 무당이 아닌 목사 일을 해야 한다는 것이다. 내가 보기엔 목사나 무당이나 비슷해 보이는데. 아마 엄마 아빠가 내 말을 들으면 깜짝 놀라겠지만 솔직히 나는 그렇게 보인다. 지금의 목사는 옛날로 치면 무당일 거다.

내 운명을 결정한 태몽. 그것은, 십자가 불이 빨갛게 켜진 성전을 향해 엄마가 성경책을 꼭 껴안고 시냇물이 졸졸 흐르는 푸른 초원을 걷는 장면이다. 꿈이 그림처럼 보여서 그런지 정말 그렇게 살아야 할 것 같고 그렇다. 하지만 나는 그 운명을 거부하고 싶다. 그런데 운명을 거부하면 신으로부터 화를 당할 것 같아 두렵기도 하다.

엄마가 할머니를 보며 날카롭게 쏘아붙였다.

“한나한테 그 말 하려고 불렀어요? 아프지도 않으면서.”

“아프다. 그냥 아픈 정도가 아니라 죽을 정도라. 이 서방이 그때 신님의 생명을 꺼뜨렸을 때 나도 그때 죽은 거나 진배없지. 그나마 내가 목숨이 붙어 있는 건 신님 영이 나를 보호해서라. 이 서방이 늑대가 된 건 죗값을 치르는 거지. 암, 그렇고말고. 신님께서 복수를 안 하시겠나.”

할머니는 내 손을 꼭 잡고 엄마를 보며 말했다.

광대뼈가 툭 불거져 나오고 살가죽만 남은 얼굴이었지만 이상하게 아파 보이지는 않았다. 오히려 강해 보였다. 할머니는 눈에 보이는 신님이 죽고 나서 눈에 안 보이는 더 강한 신님을 마음에서 살린 것 같았다. 나는 할머니 눈에서 신님의 붉은 깃털을 보았다. 붉은 깃털이 촛불처럼 너울거렸다.

나는 슬그머니 할머니 손에서 내 손을 빼내었다.

“넌 나가 있어.”

엄마가 내게 말했다.

나는 사극 드라마에 나오는 궁녀처럼 조심스럽게 일어나서 방을 나왔다.

거실 구석에 여러 개 쌓인 회색 방석들이 눈에 들어왔다.

오래전에 이 집에 왔던 때가 떠올랐다.

그때 거실에는 사람들이 앉아서 차례를 기다리고 있었다. 방에서는 재재대는 새소리에 이어 할머니 음성이 들렸다.

"물을 가까이해. 정화 과정이 필요한 거야."

"안 돼. 떼어 놓기 힘들어. 포기하는 게 살길이야."

"서쪽으로 가. 뭘 하든 잘될 거야."

충고나 경고, 격려의 말. 그것들은 다 신님의 영이 할머니 귀에 들려주는 말이라 했다.

"사람 몸은 영혼을 담은 주머니인 거라. 원래 세상 모든 말을 다 알아들을 수 있는 주머니였던 거라. 온몸이 다 볼 수 있는 눈이고 들을 수 있는 귀였던 거라. 근데 살면서 막힌 거라. 욕심 때문에 슬픔 때문에……."

할머니의 말이다.

그리고 이야기를 더 들려주었다.

할머니가 엄마를 낳고 얼마 후, 알 수 없는 열병에 걸려 죽은 듯이 며칠을 지냈는데 깨어나 보니 빨간 날개를 가진 새가 보이더라는 거였다. '신님'이라 이름 붙인 그 새는 그때부터 할머니 곁을 떠나지 않았고, 할머니는 다른 사람들에게는 보이지 않는 것들을 신님을 통해 듣고 말해 주었다.

점을 보러 오면 할머니는 새장 문을 연다. 신님은 두 발로 통통 튀며 나와 사람들 머리 위를 폴폴 난다. 한두 바퀴 돌고는 할머니 어깨에 내려앉아 무슨 말을 한다.

신님이 살아 있다면 나에게 뭐라고 말할까?

어디로 가면 아빠를 찾을 수 있을지 알려 줄까?

물어보고 싶다. 이런 마음으로 사람들은 점쟁이를 찾아가겠지. 기도를 해도 하느님 목소리는 잘 안 들리니까. 사람 목소리라도 들어야 위안이 돼서 그런 게 아닐까.

할머니는 2월에 돌아가셨다.

아빠가 안방에서 창밖을 향해 늑대 울음을 내던 그때, 엄마와 내가 교회 성찬식에 참가해 포도주와 빵을 먹던 그때, 2월 6일 첫째 주 일요일 오전 11시 반경, 신님의 음성을 듣던 방에서 할머니는 영혼을 담았던 주머니를 떠났다.

그리고 정월 대보름인 2월 17일 보름달이 금빛 강물처럼 밀려들던 밤, 아빠는 유리창을 깨고 자신을 사육하던 방을 떠났다.

4

아빠는 늑대다. 늑대가 된 아빠는 순해졌다. 순하고 착해진 아빠는 안방에서 사육되었다.

사육되는 건 좋은 일이었다. 사육되고 있는 걸 알게 되기 때문이다. 그리고 다리가 네 개라는 것과 네 다리로 어디든 달려갈 수 있다는 것도 알게 된다. 알게 되면 피가 끓는다. 끓는 피는 달려가라고 하고, 아빠는 울음으로 밤마다 들판을 달렸다.

“아우우우우워우 아우우우우워우.”

그때마다 동네 개들이 짖었다. 내 귀에 들린 개들의 말은 이렇다.

“개와 늑대의 시간!”

“숲으로 돌아가자!”

“우리는 숨어서 울지 않아!”

“늑대와 함께 달리고 싶어!”

엄마는 귀를 막았다.

나는 풀잎 소리를 들었다. 푸른 들판에서 날렵하게 튀어 오르는 늑대들. 그리고 그때마다 사르락사르락, 스치는 풀잎의 소리가 들리는 듯했다.

아빠는 들판에 도착했을까?

회색 빌딩 사이를 달려간 길 끝에 과연 아빠가 그리던 들판이 있었을까?

그래서 돌아오지 않는 걸까?

아빠가 늑대가 되기 시작한 것은 5년 전이다.

5월 17일 대규모 법회가 있는 절에 갔다. 교회 신도들과 함께 ‘부처 지옥, 예수 천국’이라는 팻말을 들고 외쳤다. 세상 끝의 심판과 구원의 필요성 그리고 회개의 강요. 아빠는 5월의 땡볕을 받으며 광야에서 울부짖는 예언자였다.

예언자도 밥 먹고 화장실은 간다. 화장실을 나온 아빠는 대웅
전을 들여다보았다. 불교와 기독교, 천주교와 성공회, 천도교의
대표들까지 다양한 종교인이 함께한 법회였다.

"그분이 계시더라고!"

저녁에 집에 와서 아빠가 말했다.

아들처럼 키워 주시던 그분을 본 것이다. 만나고 싶었지만 연
락이 끊겨 만날 수 없었던 그분. 가끔 꿈에서 보던 그분. 전엔
주일학교 선생님이었는데 지금은 목사님이 돼 있더라고 했다.

"그런데 어찌 그런 말씀을……. 어떻게 천국이, 불교의 '열반'
과 같다고."

아빠는 고개를 설레설레 저었다.

법회가 끝나기를 기다린 아빠는 대웅전을 나서는 그분 앞으
로 다가갔다.

그분은 아빠를 보고 합장하며 고개 숙였다.

"성불하십시오."

그분은 아빠를 알아보지 못했다. 얼결에 아빠도 합장하며 인
사했다.

그 뒤 아빠는 인터넷으로 그분의 교회 사이트에 들어가 설교
동영상을 보았다.

"어떻게, 예수님이 하늘나라에서 부처님과 나란히 앉아 손잡고
놀고, 마주 앉아 바둑도 두고, 친구처럼 사이좋게 지낼 거라는 거

야? 어떻게 목사가 그런 생각, 그런 말을 할 수 있나?”

화를 내면서도 그분의 설교 듣기를 멈추지 않았다.

서너 달쯤 지났다. 일요일 아침이었다.

열이 펄펄 끓어 누워 있는 아빠를 발견했다. 온몸이 불덩이였지만 아빠는 병원에 가지 않겠다고 고집했다. 아빠를 두고 엄마와 나는 교회를 갔다. 늘 그렇듯 교회 활동을 하고 집에 오면 저녁. 아빠는 여전히 누워 있었다. 식탁에 차려 놓은 밥과 머리맡에 둔 물도 그대로였다. 엄마가 아빠를 앉혀서 물을 먹였다.

아빠는 어깨를 축 늘어뜨린 채 입을 벌리고 숨을 토해 냈다. 이마에 맺힌 땀방울이 지그재그 균열을 일으키며 얼굴을 타고 흘러내렸다.

균열은 이마, 볼, 턱, 가슴 아래까지 길게 금을 그었다.

아빠는 병원에도 회사에도 가지 않았다.

온몸에 진회색의 뻣뻣한 털이 가득 자랐다.

“내가⋯⋯알게 되⋯⋯.”

아빠가 팔을 들어 엄마를 불렀다. 엄마는 다가가지 않았다. 안방 문손잡이를 잡고 서 있을 뿐이었다. 내가 가려 하자 내 팔을 꽉 붙잡았다.

아빠가 말했다.

“하느님은⋯⋯우주에 퍼져이히⋯⋯우리 눈에 안 보이느흐

으……공기 같으으……두루 퍼져 있느……에너……."

단어 사이사이 크르릉대는 소리가 섞여 들렸다.

아빠가 엄마와 나를 똑바로 올려다보며 말했다. 눈동자가 노랗게 빛났다.

"하느님은 우리……내가 하느님이오. 그리고 너……."

엄마가 내 손을 잡아끌었다.

"늑대 소리에 귀 기울이면 안 된다. 너도 늑대가 될 수 있다."

다음 날 교회 목사님과 전도사님, 장로님, 안수집사님 들이 왔다. 퇴마식을 했다.

나는 골목에 나가 있었다. 서성거리며 귀를 기울였다. 웅웅거리며 들리는 목사님 소리. 이어서 아멘아멘 주여주여 하는 신도들 소리. 그리고 혼자서도 합창하듯, 멀리 있는 동료를 부르는 휘파람 같은, 달빛 소리 같기도 한 아우우우 늑대 소리.

예전에 교회에서 퇴마식하는 걸 본 적이 있는데, 그때 귀신 들렸다는 여자를 죽을 지경으로 때렸다. 그 여자는 실신해서 병원에 실려 갔는데 입원 치료를 하고 나서 귀신이 물러갔다고 했다.

나는 아빠 말을 더 듣고 싶었다.

"내가 하느님이오. 그리고 너……."

무슨 말을 더 하려고 했을까?

퇴마식 이후 아빠는 인간의 언어를 쓰지 않았다. 엄마를 보면 송곳니를 드러내며 으르렁댔다. 사료 담은 그릇을 들고 내가 들어가면 꼬리를 흔들었다. 나는 인터넷으로 개 훈련법을 배웠다. 오른손을 들어 명령한다.

“기다려!”

아빠는 엉덩이를 바닥에 붙이고 앉아 나를 바라본다.

“먹어.”

하면 먹는다.

물론 여러 번의 시행착오와 인내심이 필요했다.

‘기다려.’를 가르치는 동안 여러 번 물렸다.

“아빠 신경 쓰지 말고, 네 할 일이나 해. 야생 동물 훈련시켜 뭐할래?”

“같이 살려면 길들여야지 뭐 어떡해.”

엄마는 내 손등에 흐르는 피를 보며 혀를 찼다.

“늑대 먹이가 될 수도 있어. 아빠 조심해라.”

“좀 물린 것뿐이야.”

나는 한 번도 병원에 가지 않았다. 송곳니가 살을 푹 파고들어 가 피가 철철 나게 물려도 다음 날이면 말끔히 나았다.

“앉아!”

아빠가 앉았다.

“기다려!”

사료 그릇에 눈을 두고 아빠가 기다렸다.

“먹어.”

지난 겨울 방학, 개학을 며칠 앞두고 있을 때였다.

작년에 우리 학교에서 자살 사건이 있었다. 학교 옥상에서 뛰어내린 그 아이는 귀신처럼 학교를 떠도는 것 같았다. 가끔 복도나 화장실에 혼자 있을 때면 으스스한 기분이 들었다. 모르는 아이지만 남의 일 같지 않았다. 따돌림을 당해 본 적도 없고 자살이란 단어를 떠올려 본 적도 없지만 이상하게 그 아이가 생각났다. 아주 착한 아이라고 했다. 한 번도 화를 낸 적 없다고 했다. 공부도 잘했고, 특히 영어 실력이 우수했다는 말도 들었다. 나는 공부도 못하고, 특히 영어 실력은 바닥이다.

“아빠.”

아빠는 사료를 한 알 한 알 씹어 먹었다.

“엄마한텐 비밀인데…….”

아빠는 여전히 사료를 꼭꼭 씹어 먹었다.

“나 영어 꼴등 했어.”

와드닥 와드닥 사료 씹는 소리가 안방을 울렸다.

“애들이 나만 보면 꼴등이라고 놀려. 그냥 영어만 꼴등한 건데 그래. 무시하려고 하는데 잘 안 되네. 공부하려고 하면 자꾸 애들 목소리가 들려 집중이 안 돼.”

아빠는 여전히 사료만 꼭꼭 씹어 먹었다. 가끔 눈동자를 돌려 나를 보았다.

"아빠도 알잖아. 나랑 제일 친한 혜수 말이야. 걔도 그렇게 불러. 꼴등이라고. 물론 장난이지. 나도 알아. 근데 그게……."

엄마는 성적표를 볼 때마다 "그냥 '열심히'가 아니라, '정말 열심히' 해야지."라며 '정말'에 힘주어 말했다. 그럴 때마다 아빠는 "세상에서 제일 불안한 게 1등이다. 1등 하지 마라." 하며 내 편이 되어 주곤 했다.

사료를 다 먹은 아빠가 그릇을 핥았다. 많다 싶게 줘도 늘 핥았다.

나는 눈을 돌렸다. 방구석 모서리에 오줌 눈 얼룩이 눈에 들어왔다. 얼룩은 사라지지 않았다. 나는 한숨을 쉬었다.

"아, 싫다. 다 싫어. 학교도 싫고……친구도 싫고……나도 싫고. 그냥 사라졌으면……흔적도 없이 내가 사라졌으면 좋겠어."

아빠가 고개를 들고 나를 노려보았다. 노란 눈동자에서 레이저가 나오는 것 같았다. 내 얼굴을 꿰뚫어 버릴 듯한 빛이었다. 아빠가 송곳니를 드러냈다.

"크르르르릉."

묵직하고 낮은 경고음.

엄마 말이 떠올랐다.

'아빠를 조심해라.'

내가 손을 흔들었다.

"아니야. 아무것도 아니야."

나는 웅크렸던 몸을 폈다. 조심스레 방을 나갈 작정이었다. 등이 벽에 닿으려던 순간 아빠가 나를 향해 몸을 날렸다. 코에 주름을 잡고 어깨를 세웠다가 펄쩍, 순식간에 내게로 뛰어올랐다. 나는 비명을 지르며 바닥에 엎드렸다.

나는 아주 짧은 순간, 상상이 되었다. 이제 죽는구나. 원하던 대로 사라지겠구나. 하지만 사라지기 전에 먼저 목에 피를 철철 흘리며 병원에 실려 가겠구나. 뜬금없이 인터넷 포털 사이트에 뜰 뉴스 제목이 보였다.

'아빠에게 물린 딸, 혼수상태. 비정한 부성, 아버지란 무엇인가?'

이어서 엄마가 말한 '그냥 열심히가 아니라 정말 열심히'에서 '정말'의 의미를 알 듯했다.

앞으로, 내 앞에 어떤 미래가 있을지 갑자기 너무 궁금했다. 이대로 사라지는 것은 아쉬웠다. 나는 눈을 꾹 감고 웅크리며 몇 초 있었다.

고개를 들었을 때 아빠는 오른쪽 앞발을 핥고 있었다. 뒤돌아보니 벽에 커다란 바퀴벌레 자국이 남아 있었다. 작은 생쥐처럼 커다랬다.

그 뒤부터 바퀴벌레가 눈에 들어오기 시작했다. 늑대를 사육해서 생긴 건지, 그전에 있었는데 못 보다가 늑대가 된 아빠 때문에 발견한 건지 알 수 없었다.

　아무튼 아빠는 바퀴벌레 잡는 데 선수였다. 천장 모서리에서 솔솔 내려오는 바퀴벌레를 날쌔게 뛰어올라 앞발로 때리면, 나는 잽싸게 가서 물걸레로 닦았다. 아빠와 나는 환상적인 호흡으로 바퀴벌레를 잡았다. 벌레를 다 잡으면 우리 집도 평범해질 것 같았다. 그런데.

　　5

　아빠는 늑대다. 늑대가 된 아빠는 순해졌다. 순하고 착해진 아빠는 벌레들을 사자처럼 잡았다. 벌레들은 사라졌다. 사라지는 것들은 아주 사라지지는 않았다. 작은 벌레들이 장롱과 싱크대와 책상과 의자와 벽 틈에서 기어 나왔다. 작은 벌레들은 작은 벌레를 먹고 큰 벌레가 되었다. 다시 나타난 벌레들을 보고 나는 아빠가 늑대가 된 까닭을 알 듯했다.
　나는 지금 집으로 가는 중이다.
　달려가고 있다. 더블에스 대리점과 빅플러스 마켓, 스타비스 커피점과 파리 인 바게트를 지난다. 바람이 살갗을 스친다. 스치는 바람에 털이 자라는 걸 느낀다. 털은 새싹처럼 돋아난다. 오래되고 낡은 피부를 뚫고 털이 자라난다. 회색빛 털이 쑥쑥 자라난다.
　마지막으로 본 아빠의 모습이 떠오른다. 지구와 달 사이의 거리가 가장 가까워진 날.

달빛이 방에 가득 차올랐다. 아빠는 등을 바닥에 대고 벌러덩 누워 버둥거렸고, 앞발로 귀를 마구 긁어 대다가, 맹렬하게 바닥을 파헤쳤다. 나뭇결무늬 장판이 뜯겨지고 콘크리트 바닥이 드러났다. 콘크리트는 흙이 아니다. 발에서 피가 났다.

아빠는 머리를 젖히고 목을 길게 빼며 울부짖었다.

"아우우우우우우워우우우."

온몸으로 불렀다.

다른 늑대를 부르는 소리일까?

아무리 불러도 이 도시에 아빠 같은 늑대는 없을 텐데 말이다. 나는 냉동실에 있던 쇠고기를 꺼내 사료 그릇에 담아 주었다. 아빠는 고기를 쳐다보지도 않았다.

나는 한참 뒤척이다가 잠이 들었다. 조금은 불안하고 안쓰러운 마음을 안고. 그리고 무슨 소리를 들었다. 꿈결에서, 어쩌면 현실에서. 나는 또 다른 늑대 소리를 들었다. 아빠가 부르고, 누군가 화답하는 소리. 찬란한 이 도시 어딘가에서 늑대의 본성을 찾은 또 다른 인간이 내는 소리. 나는 잠과 현실의 경계에서, 인간과 짐승의 경계가 부서지는 소리를 들었다. 크고 작은 건물을 뛰고 날아서, 달려가는 아빠도 보았다. 소리를 통해 나는 보았다.

아침에 보니 유리창은 깨져 있었다. 파란 하늘이 보였다.

십삼인의 아해

이수인

"웨이컵 웨이컵. 오 마이 러어브. 웨이컵 웨이컵."

평소처럼 알람이 울렸다.

수인은 알람을 끄고 서둘러 학교 갈 준비를 했다. 몸이 너무나
도 개운했다. 지금까지 살면서 이렇게 개운했던 적이 있을까 싶
을 정도로 가뿐했다. 모든 근심을 다 털어 버린 것처럼 가벼웠
다. 팔 다리 어깨에 있던 시퍼런 멍 자국도 보이지 않았다. 아빠
는 출근했고, 엄마는 거실 소파에 누워 있었다. 작은 액자를 가
슴에 안고 있는 엄마는 수인이 등교 인사를 해도 듣지 못했다.

수인은 바람처럼 날아 학교로 달려갔다. 운동장 한가운데를
질주하며 상쾌함을 느꼈다. 상쾌함 때문인지 수인은 무언가 변
한 것처럼 느껴졌다.

주위를 둘러보았다. 달라진 건 없었다. 은행나무와 화단, 화
단 앞 동상, 성공관과 승리관. 은색 강철로 빛나는 엘리베이터

도 그대로였다. 승리관 입구의 엘리베이터가 유달리 반짝여 보였다. 엘리베이터는 선생님 전용이라는 걸 수인은 잘 알고 있었다. 하지만 오늘은 타 보고 싶었다. 학교 시설을 선생님만 이용하는 것이 부당하게 느껴졌다.

수인은 얼른 실내화로 갈아 신고 엘리베이터 안으로 미끄러져 들어갔다. 뛰어오는 아이들이 보이자, 얼른 닫힘 단추를 눌렀다.

"문이 닫힙니다."

기계음을 내며 엘리베이터 문이 철커덕 닫혔다. 수인은 안도의 한숨을 내쉬었다.

'2-13'

교실 팻말이 보였다.

2학년의 끝 반. 끝 반이라서 학생 수가 다른 반보다 적었다. 다른 반은 남학생 열여덟 명 여학생 열다섯 명인데, 수인이네 반은 남학생 여학생 모두 열세 명씩이었다.

어두운 복도를 걷는데 음악 소리가 들렸다.

"라 쿠카라차 라 쿠카라차 아름다운 그 얼굴 라 쿠카라차……."

1학년 교실과 음악실이 있는 옆 건물 성공관에서 들리는 소리였다.

2, 3학년 교실이 있는 승리관은 성공관 때문에 어두웠다. 지하처럼 어두워 낮에도 불을 켜야 했다. 수인은 일곱 살 때부터 안

경을 썼는데 중학교 들어가서 시력이 더 나빠졌다. 시력이 마이너스라서 안경이 없으면 장님과 다를 바 없었다.

"우리 딸, 대학 가면 수술하자. 안경 안 쓰면 예쁠 거야."

엄마는 수인의 외모를 걱정하곤 했다.

교실에 앉은 아이들은 쉬는 시간에도 공부하고 있었다. 며칠 아파서 결석한 탓인지 반 아이들이 낯설었다. 교실은 그대로였다. 칠판 위에 걸린 '내가 더 잘하자'라는 급훈도 그대로였다.

'과제물이 있을 텐데.'

수인은 궁금했지만 물어보지 않았다. 아이들이 대답해 주지 않을 걸 잘 알고 있었다. 여느 때처럼 수인과 아이들은 서로 아는 척하지 않았다.

"와르르르 와르르르."

운동장에서 나는 소리였다.

수인은 창가로 갔다. 운동장이 보였다. 교문에서 30여 미터 떨어진 농구 코트에 보라색 체육복들이 모여 있었다. 수인과 같은 학년이었다. 아이들 대부분 1학년 때 산 체육복을 졸업할 때까지 낡고 작아져도 입곤 했다. 수인의 체육복은 낡고 작아질 겨를이 없었다.

"체육복? 또 없어졌어? 간수 좀 잘 하지."

엄마가 말했다.

네 번째로 체육복이 사라졌을 때 수인은 말 없이 자기 용돈으로 체육복을 샀다.

아이들은 한 줄로 서 있었다.

수인은 눈으로 상현을 찾았다. 보이지 않았다. 빨간색 해병대 모자를 쓴 체육 선생님이 보였다. 목에 은색 호각을 걸고 있었다. 별명이 '호각 선생'이었다. 호각 선생이 호각을 입에 물었다.

"삑!"

맨 앞에 서 있던 보라색 체육복이 운동장을 달렸다.

"삑!"

두 번째 서 있던 보라색 체육복도 운동장을 달렸다.

"삑!"

세 번째 서 있던 보라색 체육복도 운동장을 달렸다.

"삑!"

네 번째 서 있던 보라색 체육복도 운동장을 달렸다.

"삑!"

호각 선생은 호각 소리를 규칙적으로 날렸다. 호각 소리는 다트 판을 향해 날아가는 화살촉 같았다. 날카로운 햇살이 운동장에 꽂히고 있었다.

"삑!"

보라색 체육복은 연이어 달렸다. 노란 흙먼지가 달리는 아이들의 엉덩이에 꼬리처럼 달라붙었다.

“빨리!”

호각 선생이 외쳤다.

맹렬히 질주하던 보라색 체육복은 길 끝에서 희미해지더니 갈색 담장에 닿자마자 흔적 없이 사라져 버렸다. 노란 흙먼지만 허공에 떠돌았다. 수인은 흘러내리는 안경을 위로 끌어 올리고 눈을 깜빡였다. 이름표도 실내화도 보이지 않았다. 서늘한 기운이 수인의 등줄기를 훑으며 내려갔다.

“삑!”

열세 번째 서 있던 아이도 운동장을 달렸다.

키 크고 어깨 구부정한 아이였다. 부지런히 팔을 흔들며 달리지만 속도는 붙지 않았다. 수인은 몸에 열이 느껴졌다. 이마에 손을 짚었다. 땀은 나지 않았다. 어지러웠다. 허공에 떠 있는 것 같았다.

“벌스 아이 뷰…….”

중얼거렸다.

상현이가 읽던 시가 떠올랐다. 수인이 물었다.

“뭐 읽어?”

지난해 현대시의 흐름에 대해 공부할 때였다. 상현은 교과서에 나오는 작가와 작품을 다 찾아 읽었다. 상현이 시집을 덮으려는 것을 수인이 들고 읽었다.

“시 제1호. 13인의 아해가 도로로 질주하오. 길은 막다른 골

목이 적당하오. 제1의 아해가 무섭다고 그리오. 제2의 아해도
무섭다고 그리오. 제3의 아해도 무섭다고 그리오. 제4의 아해도
무섭다고 그리오……."

아이들은 달리기만 했다.

수인이 책을 돌려주며 물었다.

"와이 런어웨이?"

수인은 다른 아이들과 말할 때는 쓰지 않는 영어를 상현과는
곧잘 썼다.

상현이 어깨를 으쓱하며 말했다.

"뭐 그냥, 다 각자 이유가 있겠지."

수인이 보기에 아이들은 무서워하는 것 같았다. 달리는 이유
가 없기 때문에 무서워한다고 느껴졌다. 무서워서 달리는 것처
럼 보이지만, 사실은 달려야 하는 이유를 몰라서 무서운 거라고.

"오감도? 홧쥬민?"

수인이 물었다. 상현이 대답했다.

"제목의 의미는……잘은 모르는데……한자로 '조감도鳥瞰圖'라
고 쓰는데, 새처럼 위에서 아래로 내려다보는……. 근데 시인은
조감도를 오감도烏瞰圖라고 일부러 잘못 썼대."

"왜?"

"글쎄, 잘은 모르는데……우리가 사는 세상을 새처럼 높이 날
아서 내려다보라는 뜻인가? 음……아니면 높은 데서 내려다보

기만 하면 잘못 볼 수도 있다는 말을 하려는 걸까? 네 생각은
어때?”

수인은 생각했다. 상현의 말대로 아이들은 각자 다른 이유로
달리는지도 몰랐다. 하지만 목표는 다 같아 보였다. 빨리 달리
는 것. 더 잘하는 것. 더 높이 올라가는 것. 칭찬받는 것. 인정받
는 것. 그것밖에 없는 것 같았다.

보라색 체육복들은 여전히 농구 코트에 한 줄로 서 있었다. 존
재가 사라지는 그곳을 향해 아이들은 계속 달릴 터였다.

수인이 중얼거렸다.

“조감도……벌스 아이 뷰.”

수인이네 가족은 미국에 살았었다. 아빠의 미국 파견 근무로
수인이 일곱 살 되던 해에 한국을 떠났고 열한 살 되던 해에 돌
아왔다.

엄마는 하루에도 몇 번씩 물었다.

“사이좋게 지내지?”

“그럼, 얼마나 잘해 주는데. 어제는 실내화를 두고 갔더니 짝
이 빌려줬어.”

웃는 가면을 쓰고 수인이 대답했다. 아빠가 껄껄 웃으며 말
했다.

“천사 같은 우리 딸이랑 친구 하니까 다 착해지는구나. 이렇게
착한 딸은 세상에 없을걸.”

그때마다 가면 속 수인의 입은 일그러지고 손발은 얼음처럼 차가웠다. 수인에게는 가슴 속의 언어를 입으로 끌어 올리는 것과 그림자 같은 친구들과 팔짱 끼며 사이좋게 지내는 것은 가시 넝쿨을 뚫고 가는 것처럼 어려운 문제였다.

"어……."

아이들은 수인이 한국어 문장을 만드는 몇 초를 기다려 주지 않았다. 수인의 머리에서는 영어로 문장을 만들고 입에서는 한국어 문장이 나와야 했는데, 머릿속의 동시통역기가 늘 말썽이었다. 학교에만 가면 고장이었다. 미국에 있을 때는 한국어가 편했는데 한국에 돌아오자 영어가 편해졌다.

"아이러니……."

수인은 중얼거리며 눈을 돌렸다.

농구 코트 옆 오래된 은행나무가 보였다.

이백 살쯤 된다는 은행나무는 어느새 가을이었다. 노란색 은행잎 사이로 연갈색 은행알이 가득 달려 있었다. 생채기 난 구멍을 시멘트로 메운 나무둥치 아래에 바람 빠진 농구공과 은행알들이 떨어져 있었다.

수인은 코를 감쌌다.

"으윽, 스멜……."

고개를 숙이다가 눈에 실내화가 들어왔다.

'죽어!'

수인은 펄쩍 뛰듯이 놀라며 얼른 눈을 감았다.

휘리릭 몇 장의 사진이 눈앞을 스쳐 갔다. 사물함을 뒤지는 수인, 보이지 않는 체육복, 교복을 입은 채 운동장으로 나서는 수인, 멀찍이 떨어져 수군대는 아이들, 고개 숙인 수인, 매일 늘어나는 실내화의 낙서…… . 독한 표백제 냄새가 코를 찔렀다.

"삑!"

눈을 뜨고 다시 내려다보았다. 글씨는 없었다. 새로 산 하얀 실내화였다.

수인은 안도의 숨을 내쉬며 밖을 바라보았다.

보라색 체육복들이 농구 코트 한가운데 줄 서 있었다.

수인과 같은 학년의 체육복이었다. 어쩐지 상현이 있을 것 같아서 눈으로 찾았다. 보이지 않았다. 어쩌면 교실에 있을지도 몰랐다. 상현은 체육 시간을 종종 빼먹곤 했다. 혼자 교실에 남아 책 읽는 것을 좋아했다.

호각 선생이 출석부를 들고 있었다. 출석부 앞면에 흰색 궁서체로 써 있는 숫자가 보였다.

'3-1'

호각 선생이 고개를 들고 목청껏 외쳤다.

"오늘은 물구나무서기를 한다. 물구나무서기를 잘하면 몸을 자유자재로 통제하기 쉬워진다. 자, 2인 1조로 실시한다. 먼저

둘씩 짝지어 보도록. 삑!”

보라색 체육복들이 흩어졌다가 짝을 지었다.

“실시자가 물구나무서기를 할 때 보조자는 발목을 잡아당겨 올려 준다. 삑!”

둘 씩 나란히 선 아이들은 한 명은 물구나무서려고 두 팔을 바닥에 대고 엎드리고, 다른 한 명은 상대의 다리를 잡아 주려고 팔을 내밀고 서 있었다. 호각 선생은 아이들 사이를 왔다 갔다 하며 자세를 지적했다. 아이들은 다리를 들어 올리지 못해 쩔쩔 맸다. 자주색과 파란색 줄무늬의 체육복을 입은 남자 아이 하나는 혼자서 물구나무서더니 운동장을 걸어 다녔다.

수인은 중얼거렸다.

“물구나무서기를 잘하면 몸을 통제할 수 있다고? 나도 한번 해 볼까.”

수인은 몸치였다. 몸으로 하는 것은 지독하게 못했다. 달리기, 줄넘기, 배드민턴, 농구, 피구……. 항상 최하위 점수였다. 그래서 체육이 싫었다. 싫어서 연습하지 않았고, 연습하지 않으니 못했다. 그런데 물구나무서기를 해 보고 싶다는 생각이 든 것이다. 핏줄과 근육이 뛰노는 육체를 스스로 단련하고 싶다는 생각이 오늘 처음으로 들었다.

준비운동으로 두 팔을 들어 한 바퀴 돌렸다. 회오리바람이 불어왔다. 은행알 냄새가 코를 찔렀다. 냄새는 수인의 몸을 휘감았다. 좀처럼 가시지 않는 냄새처럼 아이들의 목소리가 수인의 귀에 달라붙었다.

"지독해!"

"구멍!"

식은땀이 났다. 소름 끼치게 찬 땀방울이 등허리를 타고 흘러내렸다. 수인은 두 손으로 귀를 막았다. 안경이 흘러내렸다. 물구나무서는 아이들의 모습이 흐려졌다.

회오리바람이 멈추었을 때 수인이 서 있는 곳은 농구 코트 앞이었다.

아이들이 모여 있었다. 보라색 체육복들이었다.

"피구는 팔 힘이 관건이다."

호각 선생이 '2-13' 출석부를 들고 말했다. 체육 담당인 그는 수인의 반 담임이기도 했다. 가을 체육대회를 위해 체육 시간에도 경기 연습을 했다. 남학생들은 농구 연습, 여학생들은 피구 연습. 호각 선생이 여학생들에게 목청을 돋우었다.

"상대가 공을 받아도 다시 튕겨 나갈 정도로 세게 던지면 되는 거다. 세게 나가야 된다. 공격이 우선이다. 그래야 이긴다. 이기는 게 목적이다. 알았나?"

"네에."

여학생들은 마지못해 대답했다.

호각 선생이 호각을 한번 빽, 불더니 이어서 소리쳤다.

"정신없이 공을 돌려 패스하다가 재빠르게 던져서 아웃시킨다. 아웃시킨 다음에도 바로 공격에 들어간다. 수비를 갖출 틈을 주지 마라. 상대를 납작하게 눌러야 한다. 그게 이기는 비결이다. 알았나?"

"네에."

"자, 오늘은 공 던지는 연습만 한다. 둘씩 짝지어 서 보도록. 빽!"

보라색 체육복들이 흩어졌다가 짝을 지었다.

수인은 짝을 지어 하는 건 뭐든 싫었다. 짝지어 게임하기, 짝지어 체험학습하기, 짝지어 보고서 쓰기, 짝지어 작품 만들기, 짝지어 배드민턴 연습하기, 짝지어……. 짝이 없으면 낭패였다.

수인의 예상대로 한 명이 짝이 없었다. 키가 커서 맨 뒤 열세 번째 서 있던 아이였다. 호각 선생과 짝이 되었다. 얼굴이 잘 보이지 않았다. 열세 번째 아이는 안경을 쓸어 올린 다음 공을 잡았다. 공을 던졌다. 공은 2미터쯤 날아가더니 떨어져 힘없이 굴러갔다. 호각 선생이 말했다.

"공을 이렇게 잡고, 손목에 스냅을 주며 짧게 훅, 던진다."

열세 번째 아이는 공을 제대로 잡지도 던지지도 못했다.

"바보 멍청이."

수인은 열세 번째 아이를 보며 중얼거렸다.

아이는 땀 때문에 흘러내리는 안경을 올리기도 바빴다. 럭비
공처럼 들쑥날쑥 던져진 공을 호각 선생이 잡으러 뛰어다녔다.
흔들거리는 은색 호각을 꼭 잡고 뛰었다. 얼굴이 빨갛게 달아
올랐다.

"자 이렇게 공을 양손으로 잡고, 가슴 쪽으로 끌어당겼다가 훅,
세게 밀듯이 던지는 거다."

아이는 있는 힘껏 던지지만 공은 사선으로 빗겨 나가 땅볼로
굴러갔다.

빗나간 공을 주워 온 호각 선생이 소리쳤다.

"가르쳐 준 대로만 해. 가르쳐 준 대로. 그것도 못하냐?"

체육복이 흠뻑 젖어 있었다. 땀에 젖어 보라색이 시커멓게 달
라붙었다. 수인은 열세 번째 아이의 마음이 느껴졌다.

'쇳덩어리처럼 무거워. 언제 터질지 모르는 시한폭탄 같아.'

아이는 호각 선생에게서 받은 흰색 시한폭탄을 받아서 던지고,
받아서 던지기를 반복했다. 안경이 자꾸 흘러내렸다.

호각 선생이 화를 터뜨렸다.

"이 바보 멍청아! 공 하나 못 던지냐?"

몸은 더 딱딱해지고, 손목은 더 뻣뻣해졌다. 팔다리도 쥐가
날 것 같았다.

"이번엔 잘 좀 던져."

수인은 열세 번째 아이를 위해 기도하듯 말했다.

아이는 손바닥에 힘을 모았다. 하얀 폭탄이 마치 자기를 싫어하는 아이들이라도 되는 양, 가슴에 쌓이고 쌓여서 뭉쳐진 분노의 덩어리라도 되는 양 아이는 있는 힘껏 배구공을 던졌다. 배운 대로. 공을 두 손으로 잡고 끌어당겼다가 훅!

그때였다. 아이가 다시는 그런 힘을 낼 수 없을 만큼 센 힘으로 폭탄을 던진 것은. 그리고 동시에

"선생님!"

하고 누군가 호각 선생을 부른 것은.

"응?"

호각 선생이 대답하며 눈을 돌렸다. 열세 번째 아이의 손에서 튀어 나간 폭탄은 운동장 모래 바닥을 세게 으깨고는 먼지와 함께 튀어 올라 선생의 코에서 장렬하게 터졌다.

"흐읍!"

호각 선생이 코를 감싸 쥐었다. 인상을 썼다.

"저게……감히…….."

쥐고 있던 손을 내리자 주먹코가 토마토처럼 벌겋게 부풀어 올라 있었다.

아이들이 키득거렸다.

"연습 안 하고 뭐해?"

소리 지른 선생은 공을 탁탁 튀기며 열세 번째 아이의 상대편 자리로 가서 섰다.

“정신 똑바로 차려라!”

호각 선생이 공을 위로 던져 올렸다. 그러고는

“스파이크!”

펄쩍 뛰어올라 오른손으로 강하게 배구공을 때렸다. 공이 허공을 찢으며 날아와 열세 번째 아이의 뺨을 때렸다. 까만 뿔테 안경이 날아갔다.

아이는 엎드렸다. 안경을 찾으려 두 손을 더듬거렸다. 안경이 좀체 만져지지 않았다. 호각 선생이 혀를 차며 말했다.

“이 재수 없는······구멍.”

호각 선생이 지나가며 안경을 툭, 발로 찼다. 안경은 50여 미터를 날아가 은행나무 밑에 떨어졌다. 열세 번째 아이는 땅속으로 들어갈 듯 고개를 푹 숙였다.

“발음이 좋아? 쳇!”

“개발음.”

“버터를 처발랐냐?”

원어민 영어 선생이 “원더풀!” 하며 엄지손가락을 올릴 때마다 아이들은 토하는 시늉을 했다. 한국어도 마찬가지였다.

“사오정 같아. 짜증 나”

“그러게. 말귀를 못 알아들어.”

수인은 ‘말귀’가 무슨 뜻인지 몰랐지만 물어보지 못했다. 사이

좋게 지내려면 참아야 했다. 참아야 할 일은 반복적이며 주기적으로 왔다.

수인이 초등학교 4학년 때였다.

'피자컵 반 대항 피구 시합'이 있었다. 수인은 어정쩡한 자세로 공을 받았다가 공이 튕겨 나갔다. 튕겨 나간 공은 다른 아이 세 명을 연속으로 맞혀서 아웃이 되었다. 아이들은 피구에서 진 것을 수인이 탓으로 돌렸다.

"오마이갓 로스트 피자."

"비커즈오뷰!"

수인의 말투를 흉내 내며 손가락질 했다.

"그때는 피자 때문이었어. 이기면 피자 시켜 먹기로 했거든."

수인은 옆에 누군가 있는 것처럼 말했다.

그때 일은 그럭저럭 넘어갔다. 수인의 전화를 받고 엄마가 시킨 피자가 시합이 끝나자마자 교실로 배달되었던 것이다.

수인은 문득 섬뜩한 기분이 들었다. 또한 누군가와 함께 있는 편안함도 느꼈다. 누군가는 낯선 존재였지만 익숙하기도 했다.

"이상하지 않아? 비슷한 일이 또 일어나는 게. 초4 때랑 중2 때랑……."

"그러게. 이상하지? 자꾸 돌아와. 부메랑처럼."

수인의 입이 중얼거렸다. 마음에서 낯선 존재가 대신 대답한 것 같았다.

수인은 한참 동안 안경을 찾아야 했다.

은행나무 있는 곳까지 갔다. 쪼그리고 앉아 바닥을 더듬다가 물큰, 은행알을 만지기도 했다. 정상현이 지나가며 안경을 슬쩍 발로 밀어 주었다. 손에 안경이 닿자 수인은 서둘러 안경을 썼다. 뿌옇고 답답했던 시야에 정상현의 뒷모습이 담겼다. 수인이 불렀다.

"상현아!"

상현이 멈칫했다. 상현이 옆에 있던 덩치 큰 남학생이 수인을 가리키며 물었다.

"쟤 아냐?"

상현이 고개를 저었다.

수인은 입술을 깨물었다. 꽉 깨문 입술에 피가 맺혔다. 충혈된 눈에서 눈물이 흐르기 시작했다. 흙먼지 뒤집어쓴 얼굴에 강물처럼 두 줄기 눈물이 흘러내렸다.

수인은 눈을 감고 소리쳤다.

"노, 노, 노오!"

"삐익!"

두 손으로 귀를 막았다.

소리는 손가락 사이로 날카롭게 파고들었다.

"내가 극기 훈련만 20년을 넘게 시켰다. 내가 가르쳐서 못하는 애들이 이제껏 한 명도 없었다. 우리는 반드시 이긴다!"

담임인 호각 선생이 말했다. 아이들이 환성을 질렀다.

'나 때문에 지면…….'

수인은 끔찍한 상상이 절로 일어났다.

공 받는 연습을 한 뒤부터 아이들은 호각 선생 말투를 흉내 내었다.

"저게 감히, 우리 교실에 들어와?"

"이 구멍아, 쯧쯧쯧!"

"재수 없어!"

고약한 냄새처럼 수인에 대한 소문도 고약하게 퍼져 갔다.

수인은 달리기 시작했다. 계단을 마구 달렸다. 달려 올라간 곳은 옥상이었다. 초록색 그물망이 먼저 눈에 들어왔다. 한가운데 있는 원두막과 오른쪽 구석에 예전엔 없던 닭장도 보였다.

어떤 여자애가 닭장 옆에서 담배를 피우고 있었다.

"저런 애랑 놀면 안 된다. 조심해야 돼."

골목에서 노는 아이들을 보면 엄마는 수인의 눈을 가리며 혀를 찼다.

"놀이터도 가지 마라. 나중에 뭐가 되려고 저러는지, 원."

수인은 담배 피우는 여자애 쪽으로 다가갔다. '신예인'이라는 이름표가 보였다. 수인은 예인의 옆에 앉았다.

"아, 안녕?"

예인은 담배만 피웠다. 수인은 망설이다가 입을 열었다.

"나……도 한번 피워 보고 싶어. 하……나만 줄래?"

예인은 수인의 말을 들은 체도 하지 않았다.

"하긴……."

안 될 일이었다. 엄마가 알면 충격으로 쓰러질지도 몰랐다. 수인은 예인을 뚫어지게 바라보았다.

"후우우."

예인의 입에서 나온 담배 연기가 풀려났다. 푸른빛 회색 연기는 예인의 두 콧구멍과 머리카락 틈새와 교복 섬유 사이사이에 숨어들거나 허공으로 달아났다. 담배 연기를 눈으로 좇던 수인의 시선이 난간에 머물렀다.

옥상 난간에 더는 올라서지 못하도록 쳐진 그물망.

문득 영화처럼 어떤 장면들이 보였다. 먼지투성이의 보라색 체육복을 입은 어떤 여자애. 떨어져 내리는, 무중력의 아뜩함. 그리고 그 시간, 똑같은 그물망이 쳐진 골프 연습장에서 나이스 샷을 외치는 엄마.

옆에 있던 예인이 벌떡 일어났다. 그러더니,

"에이, 씨발!"

담배를 바닥에 비벼 껐다. 그물망을 찢고 옥상 난간에 올라설 것만 같았다.

수인이 소리쳤다.

"안 돼!"

그 소리를 듣기라도 했는지, 예인은 고개를 흔들었다. 꽁초를 닭장 모서리에 문은 예인은 침을 찍 뱉었다. 수인이 예인의 얼굴 가까이 대고 말했다.

"차라리 담배를 피워."

예인은 대꾸도 않고 고개를 휙 돌렸다. 계단을 뛰어 내려갔다. 수인이도 따라 내려갔다. 수인은 예인과 함께 스탠드에 나란히 앉았다. 예인에게 말했다.

"포리너라는 영화 기억나? 단체 관람했던."

2학년 1학기 기말고사 끝나고였다.

뫼르소라는 남자가 엄마 장례식이 끝나고 친구들과 해변에 놀러 갔다가 태양 때문에 사람을 죽이는 영화였다. 뫼르소는 재판정에서 사형을 언도받았다.

나란히 앉아서 영화를 봤던 상현이 말했다.

"카뮈의 『이방인』이라는 소설이 원작이야."

수인은 상현이가 설명해 주는 '부조리, 실존, 자의식' 따위를 알아듣지는 못했지만 '포리너'로서 느끼는 외로움은 잘 알았다. 미국에 있을 때, 한국에 왔을 때.

"부조리한 현실이야. 살인죄가 아닌 엄마 장례식에서 슬퍼하지 않았다는 이유로 사형 선고를 받는다는 게 말이야."

"너무 외로워서 그랬을 거야."

의아해하는 상현에게 수인은 덧붙여 말했다.

"지독하게 외로우면 사람이 멍하게 되는데 그래서 별생각 없이 살인을 하고, 엄마의 죽음에 대해서도 아무 생각이 없었을 거야."

"글쎄, 그럴 수도 있나……. 난 끝 부분이 아이러니하게 느껴졌어. 승진도 원하지 않고 그저 멍하니 살며 기쁨이나 슬픔도 느끼지 못했던 사람이 사형 선고를 받고서, 생의 기쁨을 느끼기 시작했다는 게 말이야. 좀 일찍 알면 좋잖아. 살아 있음의 이유를 알자마자 죽는다는 게 참……. 만약 우리 인생이 원래 그런 거라면 뭐하러 열심히 공부하고 피땀 흘려 일할까 하는, 다 쓸데없다 하는 생각이 들어."

"아이러니하다. 살아야 할 이유를 죽기 직전에 깨닫다니……."

수인은 상현을 물끄러미 바라보았다. 마음속에 있는 말을 상현이 대신 해 주는 것 같았다. 상현과 눈이 마주쳤다. 부드럽고 따스하며 깊은 시선이었다. 사랑이 느껴지는 눈빛이었다. 유치원 때부터 알고 지낸 상현은 남동생처럼 오빠처럼 편하고 의지가 되었다.

수업 준비종이 울렸다.

예인이 발딱 일어섰다. 엉덩이를 털며 뒤돌아섰다. 승리관을 나오는 아이들이 보였다. 낯익은 얼굴이 있는 듯했지만 기억하고 싶지 않았다. 상현이 보였다! 수인이 다가갔다. 예인도 뒤따랐다.

상현은 '포리너'를 관람한 뒤 언젠가부터 아는 체하지 않았다. 수인은 속이 아팠다. 상현이가 이해되기도 했다. 따돌림 받는 여자의 남자친구가 되고 싶지는 않을 터였다. 그렇게 이해해도 서운한 게 가시지는 않았다. 단지 아픈 마음을 애써 외면할 뿐이었다. 수인은 어떤 아픔도 느끼지 못할 만큼 아주 무감각해지고 싶었다.

수인이 불렀다.

"상현아!"

뒤따라온 예인이 물었다.

"정상현, 어디 가냐?"

상현은 귀찮다는 듯 예인에게 책을 들어 보였다.

'음악 3-1'

"아, 참! 음악 시간이구나."

예인은 머리를 긁적이며 아이들 무리에 섞여 걸어갔다.

성공관으로 향하는 뒷모습을 보며 수인은 고개를 갸웃했다.

'3학년 교과서? 이상하네……. 내가 그렇게 오랫동안 아팠나?'

등골이 오싹했다. 차가운 손이 수인을 훑고 지나갔다.

바람이 불어왔다. 회오리바람이 학교 담을 넘어 달려왔다. 은행 가지마다 알알이 맺힌 열매를 후두둑 털어 낸 바람은 노란 흙먼지를 일으키며 운동장을 달렸다.

"으악!"

"꺅!"

재미있어하는 아이들의 비명 소리가 들려왔다.

2학년 가을이었다. 반 대항 피구 시합이 있던 날이었다. 아이들에 둘러싸인 수인은 사각의 링 안에서 필사적으로 공을 피해 다녔다.

"야, 구멍!"

한 아이가 소리치며 공을 던졌다. 수인은 팔을 휘저으며 왼쪽으로 피했다.

"야, 구멍!"

또 다른 아이가 소리치며 공을 던졌다. 수인은 오른쪽으로 피하다가 가슴을 맞았다.

"아우웃!"

아이들이 합창했다. 수인은 차라리 잘됐다 싶었다. 피해 다니는 것보다 죽는 게 나았다. 수인이 사각의 링을 나가려 할 때였다.

"구멍!"

공이 다시 링 안으로 날아 들어왔다. 수인의 등을 맞혔다. 공이 또 날아왔다. 주먹처럼 세게 날아왔다. 바람 빠진 농구공이었다. 몸을 웅크린 수인은 소리치고 싶었다.

‘반칙이야! 난 죽었다고!’

주먹이 또 날아와 수인의 옆얼굴을 맞혔다. 안경이 바닥에 떨어졌다. 옆에 섰던 아이가 안경을 밟았다.

“까지직!”

안경 깨지는 소리가 들렸다. 그래도 수인은 더듬거리며 안경을 잡았다. 주먹이 또 날아왔다. 주먹은 사방에서 날아와 수인의 머리와 어깨, 등을 사정없이 때렸다.

깨진 안경알을 꼭 쥔 손에서 피가 흘렀다.

온몸에서 피가 다 빠져나간 듯 다리가 후들거렸다.

상현을 비롯한 아이들은 더 이상 보이지 않았다. 괴물에게 먹혀 버린 듯 성공관으로 들어간 아이들은 모두 사라졌다. 대리석으로 빛나는 성공관이 번쩍이며 꿈틀거렸다. 주저앉으려던 수인은 실내화의 글을 보고야 말았다. 그리고 화장실로 달려갔다.

세면대에서 얼굴을 씻었다. 기억이 났다. 수인의 눈에서 눈물이 흘러내렸다. 얼굴을 씻은 물이 흙먼지와 피로 검붉었다. 안경알을 쥐었던 손바닥이 쓰라렸다. 그때, 상현도 그 아이들과 함께 있었다. 그 아이들과 다름없이, 상현도 공을 던졌다. 죽어서도 결코 잊을 수 없는 장면이었다.

“상현이도…….”

물을 뚝뚝 떨어뜨리며 중얼거렸다.

"이렇게 살 수는 없어."

"그래, 더 이상 이렇게 살 수 없어."

머리 위에서 소리가 들렸다.

고개를 들자 거울 속에 또 다른 수인이 있었다.

거울 속 수인은 깨끗한 교복을 입고 있었다. 교복이 하얗게 빛났다. 얼굴빛도 당당했다. 수인은 거울 속 존재가 낯설면서 익숙하다는 것을 알아차렸다.

분노와 무기력이 똘똘 뭉쳐 형상화된 존재라는 것도 이상하게 저절로 알아차려졌다.

그 하얀 존재가 계속 말했다.

"앞으로도 계속 따돌림당할 거야. 고등학교에 가서도, 대학에 가서도, 직장을 다닐 때도, 그 뒤에도. 부메랑처럼 계속 돌아올 거야. 이 괴로움을 평생 겪을 거라고."

그 존재는 말하는 내용과 같은 장면을 수인 앞에 펼쳐 보였다.

수인이 몸을 떨었다.

"반복을 끊어야지."

"어, 어떻게……?"

"삶은 고통일 뿐이야. 아무 의미가 없지. 그러니 고통을 끝내는 거야. 넌 너무 지쳤잖아. 휴식이 필요해. 꿀 같은 휴식 말이야. 봄날 햇살을 받으며 자는 것 같은 그런 따스하고 포근한 휴식 말이야."

수인의 눈앞에 아기처럼 편안하게 누운 자기 모습이 보였다. 달콤해 보였다. 잠든 자기 모습이 부러웠다.

그 존재가 말했다.

"따라와."

수인은 옥상에 올랐다. 공에 맞은 자국이 선명한 보라색 체육복을 입고. 꿀 같은 잠에 취하듯. 그러다 문득 비집고 들어오는 두려움. 그때마다 하얀 존재는 어깨를 밀며 자살의 달콤함을 수인의 귀에 속삭였다. 수인은 걸음을 계속 옮겼다.

"잘했어. 계속 올라가."

부드러운 목소리로 응원했다. 수인을 응원해 주는 유일한 존재처럼 느껴졌다.

옥상에 도착했다.

원두막이 보였다. 상현과 앉아서 음료수를 마시던 때가 떠올랐다가 금세 사라졌다.

햇살이 자비롭게 쏟아져 내렸지만 수인의 눈에는 보이지 않았다. 칼날처럼 심장을 찍어 대는 아이들의 놀림 소리와 공을 들고 있던 상현의 모습만 선명하게 떠올랐다.

소금을 뿌린 것처럼 심장이 쓰라렸다. 수인은 두 손으로 가슴을 쥐었다. 옷을 뜯었다.

"너무 아파. 아파서 죽을 것 같아."

"죽으면 안 아프다니까."

"……정말……? 너무 무서워……."

"잠깐이야. 1, 2초 정도?"

"그래도……."

"넌 자존심도 없니?"

"자존심……."

수인은 팬지꽃을 짓밟으며 화단을 가로질렀다.

난간에 올라섰다. 무서움은 사라졌다. 너무 비현실적이었다. 영화 속의 한 장면 같았다. 어제도 올라서 본 것처럼 익숙하기까지 했다. 딸의 시신 앞에서 오열하는 엄마 아빠의 모습이 보였다. 슬픔을 잊으려 밤낮 없이 일하는 아빠 모습이 보였다. 영정 사진을 끌어안고 잠이 드는 엄마 모습도 보였다.

"엄마……아빠……미안해……."

"약한 모습 보이지 마. 너의 죽음은 널 괴롭히던 애들을 평생 따라다니며 괴롭힐 거야. 걔들한테 복수하는 길은 이것밖에 없어."

"그렇겠지……. 그래도 문자라도……."

말을 채 끝맺기도 전에 수인의 몸은 난간을 벗어났다.

누가 등을 떠밀기라도 한 것처럼 수인은 놀란 표정으로 떨어져 내리기 시작했다.

추락으로, 공기를 가르는 무중력의 아뜩함으로 터져 나오는 비명을 수인은 늘 하던 방식으로 꾹 참았다.

"쿵!"

폭탄 터지는 소리가 났다. 몸의 뼈들도 터지며 박살 났다. 터진 머리에서 시커먼 피가 콸콸 쏟아져 나왔다. 성공관을 올려다보았다. 눈물 나게 아름다운 하늘을 배경으로 하고 있었다. 눈동자가 뒤로 돌아가기 직전, 수인은 옥상 난간에 서 있는 하얀 존재를 보았다.

수인의 얼굴이었던 그 존재는 엄마 얼굴이었다가 아빠 얼굴이었다가 상현의 얼굴로 바뀌더니 모르는 다른 여러 얼굴들로 끊임없이 바뀌고 있었다.

하얀 존재가 박수를 쳤다.

"콩그레츄레이션! 장엄중학교 열세 번째 자살생이 된 걸 축하해."

수인의 머리에 남은 기억 하나가 떠올랐다.

입학식 날. 단련관 1층. 시청각실 뒤편. 아빠 엄마가 하는 대화.

"전학 가야 하지 않을까? 문제가 있는 것 같던데……. 지금까지 열 명 넘게 자살했다잖아."

"그래도 학업 성취도가 전국에서 1등인데. 명문고 진학률도 1등이고. 당신이 잘 지켜봐. 다른 데로 눈 돌리지 못하게."

하얀 존재가 내려다보며 말했다.

"넌, 네가 앞으로 어떻게 살게 될지 모르지?"

의식의 불이 꺼지기 직전 수인은 자신의 미래를 보았다.

9년 뒤 독립해서 혼자 사는 수인, 친구들과 웃으며 수다 떠는 수인, 몰두해서 일하는 수인, 그리고 한 남자, 정상현을 닮은 남자와 데이트를 하고 사랑하며, 때론 싸우고 울기도 하며 살아가는 수인.

수인은 앞으로 그렇게 살 터였다. 폭풍우를 뚫듯 이 시간을 지나면 강철처럼 단단해진 수인이 있다는 것을. 오늘만 지나면 그런 시간들이 수인에게 있었다. 미래에, 분명한 미래에 있었다는 것을 수인은 뼈저리게 느낄 수 있었다.

그것이 남은 미래였다.

지금은 사라진 미래.

죽지 않았다면 있었을 미래.

하얀 존재가 까르르르 소리를 냈다.

"모르니까 이런 선택을 한 거야."

'되돌리고 싶어!'

"늦었어. 곧 열두 명의 자살생들이 널 데리러 올 거야."

"싫어, 싫어! 집에 가고 싶어!"

수인은 의식을 잃지 않으려 안간힘을 썼다.

뱃속 깊은 곳에서 핏빛 후회가 터져 나왔다.

의식의 불은 가물거리며 점점 작아져 갔다.

‘살고 싶어……. 다시, 다시, 다시…….’

다음 날 아침이 되었다.

“웨이컵 웨이컵 오 마이 러어브 웨이컵 웨이컵.”

평소처럼 알람이 울렸다.

수인은 벌떡 일어났다.

알람을 끄고 서둘러 학교 갈 준비를 했다. 몸이 너무나도 개운했다. 지금까지 살면서 이렇게 개운했던 적이 있을까 싶을 정도로 가뿐했다. 모든 근심을 다 털어 버린 것처럼 가벼웠다. 팔 다리 어깨에 있던 시퍼런 멍 자국도 보이지 않았다.

아빠는 출근했고, 엄마는 거실 소파에 누워 있었다.

“학교 다녀오겠습니다.”

영정 사진을 가슴에 안고 있는 엄마는 수인이 등교 인사를 해도 듣지 못했다.

수인은 바람처럼 날아 학교로 달려갔다. 운동장을 달리며 상쾌함을 느꼈다.

사라지지 않는 피의 흔적을 밟으며 수인은 시간 속을 질주했다.

하얀 실내화

정상현

실내화에 씨앗을 심었다.

실내화는 수인이 신던 거다. 아이들이 써 놓은 악담이 무서웠다. 매직으로 휘갈겨 쓴 글씨는 악마의 문신처럼 보였다. 그것은 회색으로 흐릿해졌는데, 오히려 흐릿해서 더 무서운 느낌이었다. 땅속 아주 깊은 곳에서 올라온 악마의 주문일 것만 같아서다. 글씨를 보고 있으면 주문에 걸릴까 봐 나는 실내화를 까만 봉지에 넣어 사물함에 넣어 놓았다. 수인이가 죽은 직후 줄곧, 내내, 한 번도, 까만 봉지를 꺼내 볼 마음이 없었다. 마음은 커녕 눈길도 가지 않았다. 매일 사물함을 여닫을 때마다 늘 같은 자리에 있었는데도 말이다.

오늘 어째서 갑자기 수인의 실내화가 보이고, 또 그것을 화분 삼아 씨앗을 심을 생각을 하게 됐는지는 잘 설명할 수 없다. 수행평가로 읽은『공작나비』때문일까? 수인이 유령을 본 탓일까?
꿈 때문일까?

　나는 학교 운동장을 걷는다. 원형 경기장처럼 둥글고 바닥은
질척하다. 오리들이 운동장에 가득 있다. 한 방향을 쳐다보며 있
다. 모두들 허공에서 상영되는 드라마를 보고 있다. 드라마 속에
하얀 보름달이 떠 있다. 나는 운동장을 가로질러 가려 한다. 오
리들 때문에 걷기 불편하다. 걷다가 오리를 밟고 말았다. 순간,
오리들이 날아오른다. 하늘에서 오리 똥이 진흙처럼 떨어져 내
린다. 툭, 툭, 투두둑툭툭. 입고 있는 옷이 진흙 옷이 된다. 돌로
만든 옷처럼 몹시 무겁다. 나는 포대기처럼 생긴 진흙에 둘둘 말
려 있다. 죽은 것처럼 눈 감고 있다. 어디선가 난쟁이 할아버지와
거인 청년이 나타나 나를 들고 간다. 난쟁이와 거인이 들었는데
기울어지지 않고 잘 들고 간다. 새벽이슬이 가득 담긴 수영장에
나를 휙, 던진다. 나는 공기 방울을 두 번 내뱉더니 아래로 가라
앉는다. 진흙 옷이 물에 녹기 시작한다. 나는 물속에서 죽는다.

　나는 꿈을 안 믿는다.
　이렇게 살아 있는데 죽는다든지, 새벽이슬로 만들어진 수영장
이라든지, 옛날이야기에나 나오는 난쟁이와 거인이라든지, 키
가 안 맞는데 둘이 수평으로 든다든지, 그렇게 말도 안 되는 걸

어떻게 믿나?

근데 꿈은 자꾸 나를 찾아온다.

나는 거의 매일 꿈을 꾼다. 주로 엘리베이터를 타고 오르내리거나 괴물을 피해 도망 다니는 꿈을 많이 꾸었는데, 죽는 꿈은 오늘이 처음이다.

낮에 옥상에서 한나가 했던 말이 떠오른다.

"씨앗은 죽고 이제 싹을 틔우겠구나."

내 안에서 무엇이 죽고 무엇이 싹을 틔우려는 걸까?

수인의 실내화는 이제 화분이 되었다.

화분에 심은 것은 금낭화 씨앗이다. 며칠 전 식목일 행사 때 봉투로 받은 씨앗이다.

오늘 아침에 현수막의 글이 눈에 들어왔다.

'씨앗이 나무가 된다'

현수막은 학교 정문 앞 횡단보도에 걸려 있어서 아침마다 본다.

씨앗이 나무가 된다? 그래서 어쩌라고!

나무도 어렸을 때는 씨앗이었을 거다. 당연한 사실이 오늘따라 낯설게 여겨졌다.

그러고 나서 수인이 유령이 보였다. 아주 짧은 순간이지만, 송곳처럼 정확하게 눈에 꽂혔다. 옥상 난간에 서 있는 수인이. 그물망을 쳐 놓았지만 그것을 통과해서 떨어지는 데 아무 문제 없을 것처럼 투명한 모습이었다. 당연하지, 유령인데. 장엄중학교에 유령이 떠돈다는 걸 모르는 사람은 아무도 없다. 안 믿으려 하는 것뿐이다.

작년 가을 수인의 '슈'는 엄청난 파문을 일으켰다.
'심약한 십 대, 수렁에 빠진 청소년'이라는 제목의 특집 프로그램이 방영되었다. 방송기자들이 학교 주변은 물론이고 교내에도 어슬렁거렸다.
"이수인 양에 대해 아는 대로 이야기 좀 해 줘."
"이수인 양이랑 친했던 친구 없어?"
"이수인 양은 왜……?"
둘 셋 모여 수다 떠는 아이들을 향해 기자들이 다가가면 그때마다 어디선가 선생님이 나타났다. 어험어험, 헛기침으로 선생님이 지나가면 아이들은 고개를 저으며 슬금슬금 게걸음으로 기자를 피했다. '자살'이라는 단어는 금지어가 되었다. 아이들은 '슈사이드' 아니면 그냥 '슈'라고 말하며 은밀하게 속삭였다.
이야기는 전염병처럼 번져 갔다. 피투성이의 끔찍한 시신을 본 학생들 중 몇은 전학을 갔고, 몇은 밥을 삼킬 수 없어 빼빼 말라 해골이 되어 갔으며, 또 몇은 몸을 떠는 증세로 정신과 상담을 오래도록 받기도 했으며, 또 더러는 옥상으로 올라가는 유령을 보았다는 이야기가 떠돌았다. 꿈과 마찬가지로 나는 그런 소문 따위 안 믿는다. 그런데 오늘 내가 소문으로만 듣던 유령을 본 거다.

옥상 난간에 보라색 체육복을 입고 서 있는, 머리에 흙먼지를 뒤집어쓴 채 볼에는 두 줄의 눈물 자국이 있는 수인. 몸에 소름이 돋았다.

지금 생각하니 꿈속의 내 모습과 닮은 것 같다. 흙먼지를 뒤집어쓴 수인과 진흙 옷에 둘둘 말린 나……. 새벽이슬 수영장과 수인의 눈물…….

"띠리리릭 띠리리리릭 파란불이 켜졌습니다. 건너가도 됩니다."

횡단보도 신호음을 듣고 정신을 차렸다.

나는 팔에 돋은 소름을 쓸어내리며 횡단보도를 건넜다. 내 손바닥의 따뜻함이 나를 위로해 줬다. 교문을 들어서며 심호흡을 하고 다시 올려다보았다.

수인은 없었다. 아침 햇살만 눈부셨다.

그리고 1교시 체육 시간이 되었다.

호각 선생에게 머리가 아파서 쉬고 싶다고 말했다.

"어디가 아프다고?"

선생들은 했던 말을 또 하게 한다. 습관일까? 못 믿어서일까?

"머리가 아프고 토할 것 같습니다."

나는 군대식으로 대답했다. 호각 선생이 출석부를 펼치며 이름과 번호를 물었다.

나는 군인처럼 크게 대답했다. 그래 봤자 작지만.

내 목소리는 몸 안으로 들어가려는 성질이 있다. 배 속 깊이, 아주 깊이 똥구멍까지 내려가려는 느낌이다. 어쩐지 나는 표현을 입보다 항문으로 하면 더 잘할 것 같다. 그래서인지 나는 똥 누는 꿈을 잘 꾼다. 호각 선생의 목에 걸린 은색 호루라기가 반짝거렸다. 나는 출석부에 토하는 상상을 했다. 웩, 웩, 우웩 우웩!

"보건실에 가 쉬어라."

돌아서는데 뒤에서 소리가 들렸다.

"사내새끼가 약해 가지고."

보건실로 가려다가 교실로 갔다.

헤르만 헤세의 『공작나비』를 펼쳤다. 국어 수행평가할 소설이었다.

내가 어릴 때 좋아하던…….

"삑!"

운동장에서 들려오는 소리.

"실시자가 물구나무서기를 할 때 보조자는 발목을 잡아당겨 올려 준다. 삑!"

호각 소리가 머리를 아프게 했다. 나는 왼손으로 책을 잡고 오른손으로는 귀를 막았다.

"왜 아무도 없어?"

뒷문에서 소리가 났다. 누군지 알 것 같았다. 소문난 문제아였다. 입이 더러운 여자애.

소문에 따르면 욕하는 것뿐 아니라 술 담배에 폭력도 한다고 들었다. 목소리는 예뻤다. 나는 돌아보지는 않았지만 나도 모르게 대답하고 말았다.

"체육이잖아."

문제아가 내 쪽으로 오는 게 느껴졌다.

다시 생생하게 되살아났다네. 글쎄, 나는 1년 전······.

"너는 왜 안 나갔어?"

목소리가 꽤 부드러웠다. 귀로 들으며 느껴지는 감각과 달리 내 가슴에서는 뜨거운 게 올라오고 있었다.

'너 같은 애 때문에 수인이가 죽은 거야. 저리 꺼져.'

내 입술은 가슴을 배반했다.

"으······응, 그냥. 근데 너 왜 맨날 늦어?"

“상관없잖아.”

문제아가 말했다. 문제아한테서 알싸한 소독약 냄새가 났다.

병원에서 나는 냄새.

죽음의 냄새.

수인의 죽음과 상관없는 이야기인지 모르지만, 문제아가 내 옆을 지나가는데 아빠가 생각났다. 아빠는 작년에 돌아가셨다. 내가 여섯 살 때 교통사고로 뇌 수술을 한 후 9년간 병원을 들락거렸다. 9년……동안 아빠는 많은 것을 보여 주었다. 의처증으로 날뛰는 포악한 모습과 매일 자살하겠다는 나약한 모습, 다섯 살 아기처럼 순수한 모습과 노망난 할아버지같이 추한 모습.

아빠는 짐승인간으로 6년간 살다가 돌아가시기 전 3년간 식물인간으로 살았다.

입원실 구석에 알뜰히 갖춘 살림살이를 정리하며 엄마가 말했다.

“울지 마라.”

나는 울지 않았다.

“이제 네가 가장이다.”

소름이 돋는다.

엄마가 말한 ‘가장’이 꿈속의 진흙 옷처럼 무겁게 느껴지고, ‘울지 마라’ 해서 삼킨 눈물이 수영장의 물처럼 느껴지기 때문이다.

그런데 그때 나는 어떤 면에서 웃고 있었던 것 같다.

'이제는 엄마랑 둘이 마트에서 좀 더 편하게 장을 보겠구나, 카트를 밀며 나는 따라가고 앞서가는 엄마, 시식 코너 음식을 맛보며 웃겠구나, 이제는 엄마랑 둘이, 좀 더 편하게 텔레비전을 보겠구나, 식탁에 각종 고지서와 계산기를 올려놓고 생활비와 병원비, 간병비 등을 계산하던 시간에 '개그 프로그램'과 '리얼 버라이어티 쇼'를 맘껏 웃으며 보겠구나.'

연변에서 온 간병인 아줌마가 눈물을 훔치며 말했다.

"주무시다 가셨으니 얼마나 다행이에요."

아빠는 이미 3년 전에 돌아가신 거나 마찬가지였다.

나는 울지 않았다.

1교시 체육이 끝나자 아이들이 미친놈처럼 뛰어 들어왔다.

땀 냄새가 썩어 가는 걸레 냄새처럼 진동했다.

"아, 배고프다. 1교시부터 체육인 거 진짜 싫어."

"힘들어 죽겠네."

"빵 좀 사 올까?"

김승기 목소리였다. 이어 누군가 쯧, 하며 이 사이로 침 뱉는 소리도 들렸다.

"내가 사 올게."

축구 신동이라는 아이의 목소리였다. 나는 다시 『공작나비』에

눈길을 돌렸다.

직접 말해야 한다. 그것이 네가 할 수 있는 유일한 일이야. ……
네가 갖고 있는 것 중에서 보상될 만한 물건을 찾아보아라.

빵셔틀을 하든 담배나 소주셔틀을 하든 뭘 하든 나는 상관하
고 싶지 않았다.
"중간고사 범위 장난 아니야."
"수학은 진도도 다 안 빠졌는데……."
"진도 빼는 거야 뭐. 또 교과서 들입다 베끼겠지."
"아, 언제 시험의 그늘에서 벗어날 수 있을까?"
교실 중심부에 앉은 아이들이었다. 0.1점에도 죽었다며 호들
갑 떠는 애들.

"그깟 것 좀 그만 읽어라."
엄마의 십팔번이다.
나는 시험 기간에도 소설책을 읽는다. 시험 기간에 소설책이
더 재밌어서 몰두하게 된다. 작년 기말고사 때 공책 한 권 가득
소설을 쓴 적도 있다.
엄마는 아빠를 간호하던 정성을 나에게로 옮겨 부었다.
"공부에 집중하면 1등도 할 것을. 어찌 그러냐."

"달달달 외워도 모자랄 판에……."
"쓰레기 같은 소설 나부랭이나 읽고."
'그 나부랭이를 읽어서 그나마 내가 살아 있는 거예요!'
그때마다 나는 엄마가 애써 차려 놓은 식탁을 둘러엎어 버리는 장면을 상상한다.
어렸을 때 아빠가 했던 말이 기억에 남아 있다.
"세상에서 제일 나쁜 놈이 애써 차린 밥상을 엎는 거다."
그래도……그날 그때, 나는 차라리 식탁을 엎어 버려야 했다.
공을……던지는 게……아니었다…….

작년 피구 대회.
"까르륵 꺄악 꺅꺅."
웃음소리와 비명 소리가 섞여서 들려왔다.
나는 아침부터 화가 나 있었다.
"내가 누굴 믿고 사는데? 이게 뭐니?"
엄마는 내가 책꽂이 사이에 감추어 둔 학습지를 들고 우는소리를 했다.
애초에 학습지 따위는 유치해서 싫다고 했는데도, 엄마는 내 말을 무시하고 수학 학습지를 신청한 거였다. 늘 그렇듯 엄마는 엄마 말만 할 뿐, 내 말에는 귀를 열지 않았다.
나는 장대비처럼 쏟아지는 잔소리를 대꾸 없이 고스란히 맞

있다.

아이들은 설립자 동상 앞에 모여 있었다.

둥글게 모여 놀이를 하는 것 같았다. 이를테면 '인디안 밥' 같은 놀이. 한 아이를 밥으로 만드는 놀이. 다른 반 아이들도 그쪽으로 가는 게 보였다.

설마……?

무슨 상관이야.

나는 대충 알았던 것 같다. 머리에서 '가지 마.'라고 했다. 다리는 머리를 배반했다.

아이들 틈으로 비집고 들어섰을 때, 그 안에는 구겨진 종이 뭉치가 하나 있었다.

아이들은 수인이를 싫어했다. 딱히 싫어할 만한 일은 없었다. 다른 아이들과 좀 다르긴 했다. 수업 시간에 소설 나부랭이를 읽는 나와 달랐고, 학교보다 학원을 더 중요하게 여기는 다른 아이들과도 달랐다. 친구가 없는 수인은 선생님과 친했다. 그래서 더 친구를 사귈 수 없었을 거다. 유치원 때도 그랬다. 아이들보다 선생님하고 더 잘 놀았던 수인이였다. 귀여운 도토리 같았던 수인이.

미국에 갔다 온 다음부터 뭔가 달라 보였다. 미운 오리 새끼처럼 불편해 보였다. 여기가 아닌 다른 데 있어야 어울릴 것 같았던 수인이.

이렇게 쓰고 보니, 꿈이 또 떠오른다.

운동장의 오리들이 수인을 따돌리던 아이들 같고, 흰 보름달이 있는 드라마는 그때의 잔인한 공놀이처럼 여겨진다. 그런데 내 꿈에 나온 이야기가 수인이만 말하는 것은 아닐 것 같다. 어떤 점에서 나도 미운 오리 새끼다. 학교에서 집에서 또 내 마음에서.

내가 내 마음을 잘 모르니, 내 마음이 나를 미운 오리 새끼처럼 대하는 것도 같다.

몸을 웅크린 수인이가 아이들이 던진 공을 고스란히 맞고 있었다.

두 팔로 자기 머리를 감싸며 어깨를 안으로 집어넣고 힘껏 보호하고 있었다.

하지만 보호할 수 있는 것은 아무것도 없었다. 공은 머리 어깨 허리 팔 등 가리지 않고 공격했다.

도대체 왜 저러고 있는 거야?

왜 꼼짝 않고 맞기만 하는 거야?

왜 죽을힘을 다해 저항하지 않는 거야?

나는 불처럼 달려가 수인을 일으켜 세우고 어깨를 마구 흔들고 싶었다.

속에서 뜨거운 것이 올라오는 것을 느꼈다. 그리고 순간 창피

함을 느꼈다.

몸을 돌려 빠져나가려 하는데, 내 앞으로 공이 날아왔다. 얼결에 공을 받았다.

"정상현, 던져!"

누가 외쳤다.

수인이가 고개를 들었다.

눈동자가 빨갛고 머리는 헝클어지고 흙먼지가 묻은 얼굴에 눈물 자국이 번져 있는 얼굴.

보기 흉했다. 흉해서 싫었다.

나는 시한폭탄 같은 공을 던졌다. 둥글게 포물선을 그리며 날아가 수인이 머리에 떨어졌다. 공은 힘없이 떨어졌다.

아니다. 어쩌면 세게 던졌을지도 모른다.

사실……솔직히……그 순간 수인이가 없어졌으면 싶었다.

사실 솔직히……다시 말하면……없어졌으면 싶은 존재는 바로……나다.

나는 슈사이드를 꿈꾼다.

오늘은 밝고 화창한 날이었다.

오늘처럼 햇살이 좋은 날에 나는 슈사이드를 꿈꾼다.

뫼르소가 태양 때문에 총을 쏜 것처럼, 나는 태양 때문에 나를 쏘고 싶은 거다.

"우린 다 뫼르소야."

수인이가 말했다.

수인이 죽기 한두 달 전이었던 것 같다.

수인은 『이방인』을 읽고 있었다. 전에 영화를 본 후 나도 책으로 읽은 적이 있지만 이해하기 어려웠다. 내가 말했다.

"엄마의 죽음이 슬프지 않았다는 게 이해가 안 돼. 어떻게 그럴 수 있지? 이제 뫼르소는 고아잖아."

수인이 말했다.

"우린 언젠가는 고아가 돼."

"태양 때문이라고 핑계 대는 것도 이해가 안 돼."

"진짜 태양 때문일 수도 있지."

수인이 계속 말했다.

"태양 때문에 물이 마른 거지. 바싹 말라 사막처럼 된 거지. 너무너무 외로워서 슬픔도 못 느끼는 거고. 그래서 총을 쏜 게 아닐까?"

무슨 뜻인지 알 듯 말 듯 했다. 특히 너무 외로워서 슬픔도 못 느낀다는 말이 아직도 기억에 남아 있다.

수인은 내 공을 맞고도 얼굴을 돌리지 않았다.

나는 몸을 돌려 빠져나왔다. 교실로 들어갔다. 그리고…….

그다음에 일어난 일들은 떠올리고 싶지 않다. 날카로운 비명

소리, 웅성거리는 소리, 구급차의 사이렌 소리, 경찰들이 학생들을 제지하는 소리…….

나는 수인의 시신을 보지 않았다. 장례식에도 가지 않았다.

그런 식으로 떠나간 수인이 미웠다. 미안하다는 말을 하려고 했었다. 다음 날에. 다음 날이 있었다면. 다음 날은 영영 오지 않았다.

……용서를 구해야 한다.

마음이 무겁다. 무거워서 견딜 수가 없다. 견딜 수 없는 마음이 실내화를 꺼내게 했나 보다. 지금 생각하니, 무거운 마음이 꿈에서의 진흙 옷 같기도 하다. 맑은 물에 나를 씻어 내고 싶다.

수업이 다 끝나고 사물함을 열었을 때 구석에 숨어 있던 까만 봉지가 보였다.

담임 선생님과 회장이 수인의 물건을 정리하며 휴지통에 버린 실내화.

까만 봉지를 끄집어내자 씨앗 봉투도 딸려 나왔다.

……오늘이라야만 한다.

나는 옥상으로 갔다. 계단을 올라갈 때 여러 가지 생각이 올라왔다.

수인은 어떤 마음으로 계단을 올라갔을까? 처음부터 죽을 작정이었나? 아니면 누군가가 끌고 올라간 것은 아닐까? 나도 죽을 작정으로 올라가고 있나? 아니면 누군가가 나를 끌고 올라가고 있는 것은 아닐까? 만약에 수인이 누군가에게 끌려가 살해당했다면, 누군가에게 등을 떠밀려 떨어졌다면, 그렇다면, 그게 맞다면……. 그 '누군가'라는 사람 중에는 아마 나도……있을 것이다.

손이 떨렸다. 나는 까만 봉지를 꼭 잡고 올라갔다.

옥상에 올라 심호흡을 하며 둘러보았다.

아무도 없었다. 난간에 얼씬거리는 유령은커녕 사람 그림자도 없었다. 수인과 앉았던 하늘정원의 원두막도 그대로였다. 달라진 것은 없었다. 그물망이 쳐진 것 말고는.

나는 까만 봉지를 열어 실내화를 꺼냈다.

'구멍', '썩을 년', '냄새나', '죽어!'

악마의 문신 같아서 무서웠던 글씨들.

글씨를 지우려 솔로 박박 문질렀을 수인의 모습이 그려졌다.

엄마 몰래 실내화를 빨았을 테지. 욕실 문을 잠그는 수인. 쪼그리고 앉아 솔에 비누를 묻혀 빡빡, 훌쩍훌쩍. 또 솔에 비누를

묻혀 빡빡빡, 훌쩍훌쩍훌쩍. 밤새 빨았을 테지. 독한 표백제에
도 담가 봤겠지. 그래도 글씨는 없어지지 않았을 거다. 처음에
는 새로 실내화를 샀을 거다. 하지만 누군가 또 글씨를 썼겠지.
신발을 새로 사는 건 의미 없는 일이 되어 버리겠지. 결국 체념
한 채 '죽어' 실내화를 신고 다녔겠지.

얼마나 박박 문질렀는지 신발은 닳아 있었다. 닳아서 구멍 난
곳도 있었다.

나는 화단 앞에 쪼그리고 앉았다.

손으로 화단의 흙을 긁어 퍼 담아 실내화 안에 부었다. 또 흙
을 긁어 퍼서 담고 또 담았다. 실내화에 반쯤 흙이 차자 씨앗 봉
투를 찢어 씨를 뿌렸다. 다시 흙을 퍼 담았다. 꼭꼭 눌렀다. 내
가 속삭였다.

"잘 자라라."

그때, 내 귀에 수인의 목소리가 들렸다.

"잘 다라라."

다섯 살 수인의 혀 짧은 소리.

유치원 식목 행사 날, 아이들은 자기 이름표를 단 '내 나무'를
심었다. 허리 높이도 안 되는 작은 나무들이었다. 수인은 조개
같은 두 손을 땅에 대고 말했다.

잘 다라라.

토닥토닥. 땅에 대고 어깨를 두드리듯. 씩씩해지라고 격려하는 듯.

까맣게 잊었던 때가 떠올랐다.

"수인아……."

말을 더 잊지 못했다.

살아 있는, 피가 도는 그 얼굴을 다시 한 번 보고 싶었다. 다시 한 번……한 번만……. 그때 갑자기 해골처럼 뼈만 앙상한, 보기 흉한, 이따금 얼굴 근육이 떨리던, 누워만 있던, 그래서 화나게 했던……아빠가 선명하게 떠올랐다. 심장이 쪼그라드는 아픔이 느껴졌다. 나는 땅에 엎드렸다.

눈물은 심장에서 만들어진다.

나는 두 손으로 실내화를 움켜쥐었다.

어깨가 흔들렸다.

장대비처럼 물이 뚝뚝 떨어졌다.

문득 누가 있는 느낌이 들었다.

고개를 들어보니, 한나가 옆에 앉아 있었다.

나는 눈을 말똥거리며 애는 언제부터 옥상에 있었을까 했다. 한나가 말했다.

"아까부터 원두막에 앉아 있었어. 말을 붙이려고 했는데……."

한나가 생수병을 내밀었다.

"우리 할머니도 수목장 했어. 새들이 올 수 있게. 다음 생에는 나무처럼 평화롭게 살고 싶다고 하셨어."

나는 생수병을 받았다. 아무 말도 하지 않았다.

한나가 일어서며 말했다.

"이제 씨앗은 죽고 나무가 되겠구나."

씨앗은 죽고…….

지금 생각하니 씨앗의 죽음이 꿈에서 죽는 것과 같은 느낌으로 다가온다.

이제 나는 싹을 틔우는 걸까? 나는 어떤 나무일까?

나무처럼 평화롭게…….

그리고 나는 나무가 진정 평화롭기를 바란다.

과연 그럴 수 있을까……? 씨앗의 죽음은 알을 깨고 나오는 것만큼 아프지 않을까? 추운 겨울도 나무에게는 지독한 전쟁일지 모르는데? 직접 되어 보지 않고는 모른다. 아플지 기쁠지. 내일 무슨 일이 일어날지는 내일이 되어 봐야 안다. 내일은 오늘이 된다. 나는 오늘만 느끼겠다.

라 쿠카라차

신예인

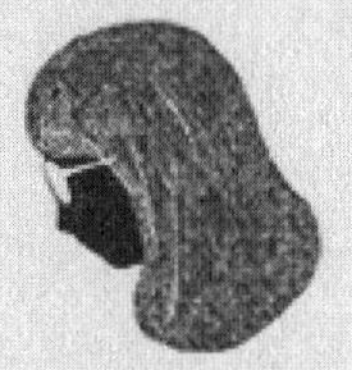

이어폰을 귀에 꽂고 집을 나선 예인이 학교 앞에 도착했을 때
는 9시 33분이었다.

1교시 수업이 시작한 지 33분이 지났고 끝나려면 12분이 남
았다. 파란색 신호등이 깜박이더니 이내 빨간색으로 바뀌었다.
건너편의 교문은 거의 닫혀 있었다. 한 사람 겨우 지나갈 만큼
만 열려 있었다. 교문을 등진 수위 아저씨가 호스로 운동장에 물
을 뿌리고 있었다. 열린 문 사이로 물이 흘러내렸다. 선도부원
이 사라진 교문은 늙은 개의 주둥이처럼 보였다. 늙은 개는 엎드
려 침을 질질 흘리고 있었다.

예인은 신호를 무시하고 횡단보도를 건넜다. 왼쪽에서 달려오
던 트럭이 신경질적으로 경적을 울렸다. 예인의 귀에는 힙합 음
만 가득했다. 에미넴의 외침이 머리끝부터 발끝까지 전류처럼
흘렀다. 에미넴의 비현실적인 외모에 반해 따라다니는 아이들이

있지만 예인은 그런 부류는 아니었다. 예인은 그저 새로우면서
도 익숙한 리듬이면 그만이었다. 뭔가를 잊게 해 주고, 숨을 쉬
게 하며 가슴에 불을 지펴 발광하게 해 주면 되었다.

1교시 체육 수업으로 운동장에 모인 아이들과 선생님이 보였
다. 예인은 고개를 푹 숙이고 서둘러 걸었다. 은행나무와 화단
을 지나 학교 설립자의 흉상 앞에 이르렀을 때 걸음을 멈추었다.
청동으로 만든 흉상은 보기 흉했다. 새똥과 아이들의 쓰레기 투
척 때문에 과거의 영광은 온데간데없었다.

예인은 이어폰을 뺐다. 머리가 핑 돌았다. 이어폰을 뺄 때마다
그랬다. 토요일에 마신 술이 덜 깨서인지 더 어지러웠다. 예인
은 손으로 이마를 만지며 옥상을 올려다보았다. 초록색 그물망
사이로 햇빛이 장엄하게 스며들고 있었다.
'슈사이드 방지라고?'
예인은 콧방귀를 뀌었다.
사물함을 열어 실내화를 꺼내 던졌다. 바닥에 툭, 먼지가 풀썩
일었다. 회색 실내화에 발을 끼워 넣었다. 하품이 나왔다. 학교
에만 오면 졸음이 몰려왔다. 아무리 많이 자도 그랬다. 하품 눈
물이 질금질금 흘러나왔다. 입에서 술 냄새도 났다.
토요일에 진탕 술을 먹고 일요일에는 종일 잠만 잤다. 친구들
을 만난 토요일이 지난밤처럼 여겨졌다. 기지개를 켜며 중얼거

렸다.

"월요일 진짜 싫어. 난 월요일에 자살할 거야."

예인은 실내화를 질질 끌며 계단을 올라가기 시작했다.

5층에 도착했다.

멈춰 서서 바라보는 복도는 텅 빈 동굴 같았다. 사람 하나 없는 동굴. 난쟁이들이 숨어 사는 동굴. 어느 교실에선가 못생긴 난쟁이 하나가 튀어나올 것 같았다.

"먹을 것 좀 줘."

난쟁이가 이렇게 말하면, 아마 진은 백팩에서 물통을 꺼내 건넬 것이다. 진은 물통에 소주를 넣고 다녔다.

아마 예인은 자신의 보라색 백팩에서 텀블러를 꺼내 건넬 것이다. 예인은 텀블러 안에 담배를 넣고 다녔다. 선이 주유소에서 일하는 덕분에 담배 사기는 수월해졌다. 필터가 탈 때까지 피우던 예전과 달리 요즘은 장초도 버리곤 했다. 물 대신 담배를 담은 텀블러를 들고 선생님 앞을 지날 때 예인은 짜릿함을 느꼈다.

"휴우."

난쟁이가 굵고 짧은 손가락에 담배를 끼우고 연기를 내뿜으면, 냄새를 맡은 다른 난쟁이들이 몰려나올 것이다.

'교실마다 한 명씩만 나와도……'

난쟁이들과 에미넴처럼 몸을 함께 흔들어 볼까 생각하다가, 고개를 저었다. 우스꽝스러웠다.

"으하하하하."

아이들의 웃음소리가 터져 나왔다.

이어서 남자 선생의 굵직한 음성이 들려왔다. 갑자기 교실이 난쟁이들의 동굴이 아닌 무덤 속같이 느껴졌다. 학교에 다니다 죽은 아이들의 무덤.

전학 오기 전부터 장엄중학교에 대한 소문은 들어서 알고 있었다.

자살할 아이를 찾아 유령들이 돌아다니는데 결국 유령의 먹잇감으로 눈이 마주친 아이는 홀쭉하니 말라 가면서 다크서클이 턱까지 내려가다가 결국에는 출석부에서 이름이 사라진다고 했다.

"아이씨, 추워."

예인은 팔에 돋은 소름을 쓸어내렸다.

복도 끝에 있는 '3-1'까지 느릿느릿 걸었다.

열린 앞문을 지나가다가 무심코 고개를 돌려 보았다. 뭔가를 설명하던 남자 선생과 예인의 눈이 마주쳤다. 선생이 먼저 눈을 돌렸다. 3학년 개학 날에 전학 온 예인은 선생한테 혼난 적이 한 번도 없다. 지각하거나 수업 중에 교실에 들어서도 힐끔 쳐다만 볼 뿐 아무 말도 하지 않았다. 그럴 때마다 예인은 아주 심각한 날라리처럼 스스로의 마음을 부풀리며 털썩, 소리 내서 자리에 앉곤 했다.

휴대폰을 열어 보았다.

'9분 남았네. 수업 끝나고 들어갈까?'

가슴이 간질간질, 담배 생각이 났다.

아이들의 웃음소리 때문인지, 남자 선생의 눈빛 때문인지 기분이 나빠졌다.

꼭꼭 닫은 마음의 문틈으로 불쾌감이 솔솔 피어올랐다.

문득문득, 의지와 상관없이, 불현듯 떠오르는 기억. 떠오른 기억이 으르렁대며 말하는 자학적인 언어들. 거미에게 저항하지 못했던 수동적인 태도에서 오는 뼈아픈 후회. 자학과 후회를 오가게 하는 절망과 우울. 예인은 복도를 계속 걸었다. 걸음을 멈추면 거미줄에 걸릴 것만 같았다. 거미줄에 둘둘 말려 독이 주입되지 않도록 예인은 계속 걸었다. 어디를 가는지는 상관없었다. 그 어디가 지옥일지라도 멀리멀리 달아나고 싶었다.

예인은 뒷문으로 들어갔다.

교실에 아이들이 없었다. 창가 쪽 맨 앞에 남자애 혼자 있었다. 예인이 물었다.

"왜 아무도 없어?"

남자애가 돌아보지도 않고 대답했다.

"체육이잖아."

'아, 맞다! 월요일 1교시가 체육이지. 이럴 줄 알았으면 얼른

와서 잘 걸 그랬다.'

남자애는 책을 보고 있었다. 예인이 남자애 쪽으로 갔다.

"너는 왜 안 나갔어?"

"어? 으응. 그냥."

남자애가 이마를 찡그리는 게 눈에 들어왔다. 교복에 붙은 이름표를 본 예인은 입술을 삐죽거리며 말했다.

"야, 정상현. 뭐 읽고 있냐?"

상현은 또다시 이마를 찡그리더니, 고개도 들지 않고 물었다.

"근데 넌 왜 맨날 늦어?"

예인은 팔짱을 끼고 껌을 씹듯 말했다.

"상관없잖아."

"수업에 방해되잖아."

"오호, 그러셔?"

예인이 상현이 보던 책을 낚아챘다. 상현의 눈이 튀어나올 것처럼 예인을 쏘아보았다. 예인이 한발 뒤로 물러나 여유 있게 책을 보았다.

"공작나비?"

상현이 팔을 뻗었다. 예인이 책장을 넘기며 물었다.

"무슨 내용이야?"

상현의 이마에 주름이 마구 꿈틀거렸다. 예인이 책을 줄 것처럼 내밀었다가 거두면서 말했다.

"나도 읽어 본 것 같은데. 애벌레가 나비로 변신하는 이야기지?"

"아니야!" 상현이 소리를 버럭 질렀다. "어떤 남자가 나비를 부수는 이야기야!"

"별걸 다 화내고 있네!"

예인도 소리를 버럭 지르며 책을 던졌다. 상현의 얼굴에 맞을 뻔했다. 가슴이 움찔, 하며 미안한 마음이 들었다. 상현의 얼굴이 시뻘겋게 달아올라 있었다. 예인은 돌아서며 우물거렸다.

"너 이마 찡그릴 때마다 골룸 같애."

'나비를 부순다고?'

예인은 자리에 앉아 생각했다.

그게 무슨 말이지? 나비를 어떻게 부순다는 거지? 망치나 돌 같은 걸로? 그건 부수는 게 아니고 짓찧는 거잖아. 얇은 날개를 달고 팔랑팔랑 눈부시게 날아다니는 나비를 왜 부순다는 거야? 혹시 '눈이 부시다.' 할 때 쓰는 말처럼, 나비가 눈부시다는 뜻인가? '부시다'를 '부수다'로 내가 잘못 들었나? 그렇다면 '나비를'이라고 하지 말고 '나비가'라고 말해야 하잖아.

예인은 책상에 엎드렸다.

'씨발. 부수든 부시든 무슨 상관이야. 다 벌레들인데.'

“또 벌레 꿈꿨어. 졸라 컸어.”

‘졸라’를 입에 달고 사는 진이 말했다.

강도에 쫓기고 억울한 꿈을 자주 꾸는 예인과 달리, 진은 벌레 꿈을 자주 꾸었다.

토요일 오후가 되면 예인은 대학로로 갔다. ‘빨간 모자’라는 작은 카페가 아지트였다. 여러 명의 술친구들 중에서 대화를 하는 건 ‘진’과 ‘선’이었다.

“다리 사이로 졸라 큰 벌레가 기어 나왔어. 내가 안으니까 죽어 있었어.”

진이 훌쩍거렸다. 선이 진의 머리를 쥐어박았다.

“미친년! 죽을 만하니까 죽은 거야. 벌레를 키울 수는 없잖아.”

진이 발끈했다.

“벌레를 키우면 왜 안 돼? 우리가 벌레랑 다른 게 뭐 있어?”

예인은 고개를 끄덕이며 진의 잔에 술을 따라주었다.

“술 먹고 잊어버려.”

‘술을 먹고 잊을 수 있다면 얼마나 좋을까.’

예인은 대학생 남자친구를 사귈 때 행복해하던 진의 얼굴을 떠올렸다. 진의 행복은 임신과 더불어 사라졌다.

“난 아빠 될 생각 없어. 싱글로 자유롭게 살 거야. 그 애가 내 애라는 증거도 없잖아.”

그 말을 마지막으로 남자친구는 연락을 끊었다. 진은 복대를

칭칭 감고 학교를 다녔다. 선과 예인이 산부인과를 가자고 주
장했다

"싫어. 아이를 낳아서 유전자 검사하고 그 집에 보낼 거야."

7개월이 되었을 무렵 진이 선택한 복수의 방법은 포기할 수
밖에 없었다. 한바탕 소용돌이를 지나온 진은 학교를 그만두고
학원을 다니고 있었다. 예인은 학교를 안 다니는 진과 선이 부
러웠다.

선은 빨간색 말보로 담배를 빡빡 피워 대고 있었다.

노란 파마 머리 위로 연기가 피어올랐다. 지난 겨울 선은, 결
국 집을 나왔다. 오랫동안 벼르던 일이었다. 생활비를 벌기 위
해 학교도 그만두었다. 선은 토요일만 빼고 편의점과 주유소에
서 일을 했다.

술잔을 내려다보는 진은 오른손에는 담배를 왼손에는 커터 칼
을 들고 있었다.

금방 떨어질 것 같은 기다란 재가 꽁초 끝에 걸려 있었다.

"따가닥 따가닥 따가닥……."

왼손 엄지손가락이 오르내릴 때마다 칼날도 오르내렸다.

손목에 있는 흉터도 부풀었다 꺼졌다 반복했다.

흉터는 여러 개였다. 오래되어 희미해진 칼자국도 있고, 피딱
지가 앉아 이제 또 다른 흉터를 만들어 가는 칼자국도 보였다.

가장 큰 칼자국은 아주 많은 시간이 흘러도 희미해질 것 같지 않았다. 봉합 수술로 여러 바늘 꿰맨 그 흉터는 수많은 다리로 숨을 곳을 찾는 지네처럼 보였다.

"으으윽."

술을 마시고는 비명을 질렀다.

예인도 손목을 그어 본 적이 있다. 칼날은 날카롭고 서늘해서 다른 기억이 끼어들 틈을 주지 않았다. 그 순간은, 칼끝이 살갗에 닿는 그 순간은, 자학과 후회와 불쾌감은 사라지고, 공포와 긴장과 짜릿함이 자리했다.

하지만 예인의 스타일은 아니었다. 짜릿함은 너무 짧고, 추함은 너무 길어서, 더 큰 자학과 후회와 불쾌감이 몰려드는 것을 느낄 수 있었다. 자기가 얼마나 힘든지 떠벌리는 것 같아 자존심도 상했다. 예인은 지금까지의 삶이 더럽고 추하게 여겨져 죽는 순간만이라도 아름답고 싶었다. 자살의 방법은 자살할 사람의 마지막 남은 자존심이기 때문에 신중히 선택해야 한다고 예인은 생각했다. 충동적이지 않으며 누구에게도 상처를 주지 않는 방법이라야 했다. 가능한 방법이 있을지 알 수 없었다.

작년에 학교 옥상에서 뛰어내렸다는 여자애를 떠올리다가, 온몸이 터지고 뼈란 뼈가 죄 부서졌을 게 짐작되었다. 그 모습이 상상이 되어 예인은 진저리를 쳤다.

'나비는 어쩌다가 부서졌을까?'

어쩐지 나비가 거미줄에 걸렸을 것 같아 기분이 나빴다.

예인은 책상 위에 가방을 올려놓은 채 그대로 엎드렸다. 눈을 감았다. 이마가 지끈거렸다. 눈꺼풀 위로 스멀스멀 거미가 기어 다니는 것 같았다. 다리에 털이 북실북실 난 시커멓고 커다란 거미. 전에 살던 동네가 또 보이기 시작했다. 이어서 장면들이 순식간에 이어졌다. 25시 할인마트와 온세계 약국, 더블에스 대리점과 비릿한 냄새를 풍기는 건강원, 그 옆의 좁은 골목, 골목 끝에 있는…….

"아이, 씨발!"

고개를 들었다.

텅 빈 교실, 책 속으로 들어간 남자애, 초록색 칠판, 시간표, 아침 조회용 모니터와 시시티브이……. 변한 것은 아무것도 없었다. 눈물이 나오려 했다.

"삑! 해산!"

운동장에서 소리가 들렸다.

예인은 다시 가방에 머리를 묻었다. 두 손으로 머리를 움켜쥐었다.

"으으으."

꽉 문 어금니 사이로 신음이 새어 나왔다.

"바보! 멍청이!"

화가 나고 답답해서 머리가 핑핑 돌았다.

그때만 생각하면 화가 났다. 화를 표현하지 못해서 더 화가 났
다. 벌레처럼 꽁꽁 묶여 거미의 먹잇감처럼 있었던 자신이 미웠
다. 한심했다. 한심하기 짝이 없어서 사라졌으면 싶었다. 머리
를 책상에 짓찧었다. 이마가 아팠다. 마음은 생살에 소금을 뿌
린 듯 쓰라렸다.

휴대폰과 이어폰을 꺼냈다. 귀를 틀어막았다. 귀를 막으면 감
정도 막히는 것 같았다. 예인은 입술을 깨물며 휴대폰 화면에서
즐겨 찾는 앱을 터치했다. 팟캐스트 '나는 내가 꾸는 꿈이다'를
열었다. 제목들이 떴다.

'벌레가 벌레가 아니야. 나만의 아름다움 찾기'
'악몽의 또 다른 얼굴. 그림자에서 영웅으로'
'자주 등장하는 나이. 그 시절의 나는?'
'스파이로 살아남기. 트릭스터의 가치'
'꿈에서의 죽음, 현실에서의 성장'
'흔히 꾸는 꿈1. 쫓기는 꿈'
⋮

예인은 '악몽의 또 다른 얼굴'을 클릭했다.

편안한 음악이 흘러나왔다. 익숙한 목소리가 들렸다.

"안녕하세요? 꿈 선생입니다. 오늘 이야기로 나누어 볼 꿈은 악몽에 대해서입니다."

예인은 책상에 엎드려 어깨를 안으로 모았다.

"악몽은 왜 꾸는 걸까요?"

작아지고 작아져서 지금까지의 자신은 사라지고 새로운 자기가 되고 싶었다.

"악몽은 항상 나쁜 걸까요?"

인간이 아닌 다른 무엇, 돌멩이 같은 것으로 변했으면 싶었다.

작고 단단한 까만 돌. 아주 가느다란 실조차 들어오지 못하는, 빈틈없는 돌.

"어떤 이에겐 현실이 악몽일 것입니다."

예인은 엎드린 채 숨을 들이마셨다.

책상에서 오래된 나무 냄새가 났다. 쿰쿰하고 축축한 먼지 냄새 비슷한 것. 깊은 숲 속 작은 오두막집이 연상되었다. 예인은 가 보진 않았지만 그 오두막집의 다락방에서 나는 냄새 같다고 느꼈다. 오두막에 숨어 있기. 혼자서. 아무도 들어오지 못하는 오두막. 밖에는 짐승들과 벌레들이 우글거리지만, 작은 오두막은 안전할 것이다. 조금은 안전할 것이다. 꼭꼭 숨어서 쉴 수 있는. 사냥꾼도 못 들어오는. 촛불의 따뜻함이 있는.

"소중한 꿈을 올려 주신 5691님께 감사드리며 읽어보겠습니다. 저는 중학교 3학년 여자입니다……."

예인은 깜빡 잠이 들었다.

와그르르 떠들어 대며 아이들이 교실로 들어왔다.

예인은 이어폰을 빼고 기지개를 켰다.

국어 선생이 말했다.

"오늘은 헤르만 헤세의 작품인『공작나비』로 수행평가를 한다고 했습니다. 심화학습에 실린 글 말고 소설 전문을 읽어 오라고 했지요."

시험문제지가 앞에서 뒤로 전달되었다.

예인은 앞에서 왼쪽에 앉은 남자애의 의자를 발로 찼다. 남자애가 뒤돌아보았다. 예인이 말했다.

"야, 10등, 책 줘 봐."

"어? 어어, 여, 여기."

"장난해? 교과서 말고!"

예인이 눈을 부라리며 10등 책상 위에 있는 소설책을 가리켰다.

『공작나비』

예인은 책을 폈다.

단숨에 읽었다. 예인이 평균 이상 점수를 받는 과목이 둘 있다. 국어와 음악이었다.

'부수는 게 아니라 바스러뜨리는 거잖아.'

이야기 속 주인공에게 화가 났다. 가까이 있었다면 멱살을 잡고 때려 주었을 것이다.

예인은 술도 셌지만 주먹도 셌다. 작은 키에 마른 편이지만 싸우기 시작하면 아무도 못 말렸다.

"싸울 땐 꼭 괴물 같아."

"눈이 회까닥 뒤집혀서 보이는 게 없는 모양이야."

전학을 오게 된 것도 끓어오르는 화를 참지 못하고 휘두른 폭력 때문이었다.

작년 여름, 예인은 정보 담당 선생에게 주먹을 날렸다.

컴퓨터 수업 중에 책상에 엎드려 자는 예인을 평소에는 거들떠보지 않다가 그날따라 무슨 바람이 불었다.

"넌, 밤에 뭐 하길래 맨날 학교에서 퍼질러 자니?"

정보 선생이 손가락으로 예인의 이마를 찔렀다.

"너 얼굴 반반한 거 믿고 공부 안 하니?"

이마에 닿는 손톱의 느낌이 싫었다. 손가락으로 찌를 때마다 머리가 뒤로 젖혀지는 건 더 싫었다. 마음이 구겨지려 하자, 예인은 입술을 달싹거리며 속으로 욕을 했다. 선생이 또 빈정거렸다.

"입 좀 보자. 애, 입에 걸레를 물었니? 어휴, 더러워."

예인은 심장이 방망이질 쳤지만 입술을 꼭 깨물며 참았다. 컴퓨터 키보드를 두드리던 아이들이 모두 쳐다보았다. 선생이 마지막으로 한마디하며 몸을 돌렸다.

"입이 더러운데 몸인들 안 더럽겠어?"

순간 예인은 잡고 있던 이성의 끈을 놓았다.

돌아서는 선생의 멱살을 잡았다. 선생이 괴성을 질렀다. 괴물도 괴성을 질렀다. 예인은, 자기가 학생이며 이곳이 학교라는 사실과 상대가 삼십 대 후반의 선생이며 이곳이 많은 아이들이 지켜보는 교실이라는 사실을 잊었다.

괴물이 사라지고 이성이 돌아왔을 때 예인이 본 것은, 단추 떨어진 블라우스를 움켜쥐고 훌쩍이며 울고 있는 어른의 몸에 선생이라는 직업을 가진 한 여자와, 키보드 위에 두 손을 올려놓고 백치처럼 입을 벌리며 있는 아이들과, 벌레를 발견했을 때 발동하는 악동들의 호기심 어린 표정을 짓고 있는 또 다른 아이들이었다. 그리고 언제 떨어졌는지 발등을 찧고 있는 15인치 모니터가 보였다. 오른발은 퉁퉁 부어서 며칠 절룩거리며 다녔다.

일명 '컴퓨터 난동'으로 불리는 그 사건은 외부에 알려지지는 않았다. 밖으로 알려지기를 원하지 않는 교장 선생님 덕분에 예인은 퇴학이 아닌 전학으로 결정되었다. 예인은 학교를 그만두고 싶었다. 예인에게 선생이라는 존재는 누구를 막론하고 불쾌한 존재들이었다.

"왜 싫다는 거야? 말을 해. 말을 해야 알지."

"논리적으로 설명하면 홈스쿨하게 해 줄게."

엄마 아빠에게 위로받을 수 있을지 확신할 수 없었다. 오히려 더 큰 상처를 받을지도 몰랐다.

"어떻게 하고 다녔기에……."

"왜 따라가? 맘이 있었던 거 아냐?"

누군가 이런 식으로 피해자에게 원인을 돌리면 예인의 얼굴은 화끈거렸다. 공감 능력이 떨어져서 그렇다고 이해를 하더라도 그날의 일을 설명하기 위해 다시 떠올리는 것은 죽는 것만큼이나 싫었다.

예인은 머리를 흔들었다.

시험지를 보았다. 하인리히 모어의 행위에 대해 자기 생각을 서술하라는 문제였다.

'공작나비를 가지려는 건 자기가 가진 걸 소중히 여기지 못해서다. 자기만의 나비는…….'

예인은 말하듯이 글을 써 내려갔다. 점수는 중요하지 않았다.

국어 수행평가 점수가 비교적 좋은 이유가 어떻게 평가될지 신경 쓰지 않고 막 써서인 듯했다. 막 쓰고 막 사는 것은 어렵지 않았다. 예인은 중학교 1학년 그날 이후 막 살아 왔다. 술을 막 먹

고 담배도 막 피웠다. 일기장에 욕을 막 쓰기도 하고 필통을 마
이크 삼아 노래도 막 불렀다. 그렇게 막 하는 야성적인 행동들이
기쁨이 되는 것 같았다. 기쁨의 샘물에서 물을 마시는 느낌이기
도 했고, 구겨진 마음을 스트레칭하며 죽 펴는 느낌이기도 했다.
　예인은 허리를 죽 폈다. 다 쓴 시험지와 텀블러를 들고 자리
에서 일어났다. 교탁 위에 1등으로 시험지를 올려놓고 교실을
나왔다.

　옥상에 올라갔다.
　식당과 연결된 양철 환기통에서 음식 냄새가 올라왔다. 케첩
끓이는 냄새와 고기 삶는 냄새가 났다. 스파게티든 고기 조림
이든 예인은 먹는 걸 좋아하지 않았다. 씹는 게 싫었다. 힘들었
다. 그것은 육체적 고통이라기보다는, 설명하기 힘든 어떤 정서
적 고통이었다.
　텀블러 뚜껑을 열고 담배를 꺼냈다. 세계지도가 그려진 파란색
담뱃갑이었다. 세계지도가 맘에 들어서 피는 담배였다.
　"휴우후."
　연기를 뿜었다.
　허공으로 사라지는 연기를 볼 때마다 예인은 사라지고 싶었다.
　죽는 게 아니라 그냥 사라지는 것, 기억만 사라지는 것.
　뭔가 노래를 부르고 싶은데 생각나지 않았다.

닭들이 푸드덕거렸다. 눈으로 달걀을 찾아보았지만 보이지 않았다. 닭장 문은 자물쇠로 잠겨 있었다. 예인은 닭장 아래 구석에 꽁초를 끼워 넣고 내려갔다.

수업 준비종이 울렸다.

3-1 교실을 나오는 아이들이 보였다. 정상현이 눈에 들어왔다.

"어디 가냐?"

상현이 들고 있던 책을 예인의 얼굴에 들이대더니 지나쳐 갔다.

"음악이잖아."

뒤따라 나오던 여자애가 대신 말해 줬다. 습관처럼 이름표를 보았다.

'이한나'라는 아이가 씨익 웃어 준 것 같았다. 예인은 옆에서 걸어갔다. 교과서도 없이 음악실이 있는 성공관으로 갔다. 로마 시대 원형 경기장을 연상시키는 음악실은 학생들이 빙 둘러앉아 내려다보는 구조였다. 교실이 아닌 공연장 같아서 예인은 좋아했다. 음악 선생님은 피아노 옆에 서서 들어오는 아이들을 올려다보고 있었다. 지난 시간에는 '가요 속의 클래식'을 배우며 헨델의 '울게 하소서'를 불러 주었다.

"라 시아 키오 피안가 미아 크루다 소르테 에 케 소스피리 라 리베르타……."

아이들은 엎드려 잤지만 예인은 소름 끼치는 전율을 느꼈다. 울고 싶은 마음을 억지로 참았다. 잔잔한 피아노 소리와 함께 들리는 아리아는 마음의 선율을 퉁기며 예인을 알 수 없는 곳으로 끌어 올리는 것 같았다.

음악 선생님은 한국어 가사로 한 번 더 불러 주었다.

"울게 놔두세요. 슬픈 내 운명. 나 한숨지어요. 잃어버린 내 자유……."

예인은 조금 전 옥상에서 부르고 싶었던 노래가 '울게 하소서'였다는 걸 깨달았다.

'내가 왜 울어? 내가 뭘 잘못했는데?'

예인의 머리는 반항했지만 가슴은 이미 폭포처럼 물을 쏟아 내고 있었다.

"지친다. 너무 힘들어."

그저께 토요일, 예인과 진은 아지트에 나오지 않은 선을 찾아갔다.

선은 담배 연기 자욱한 방에 앉아 있었다. 꽁초 수북한 재떨이 옆에는 빈 약봉지가 수십 장이었다. 약봉지를 발로 차며 진이 소리쳤다.

"졸라 더러워! 방 좀 치우고 살아!"

선은 집을 나온 뒤 아빠와 연락을 끊고 지냈는데, 어떻게 알고

는 곧 찾아내곤 했다. 그러면 선은 다른 곳으로 옮기고, 또 찾아
내면 또 옮기고 그렇게 반복해 왔다.

"이제 그만, 끝내고 싶었어."

선은 약국을 수십 군데 다니며 수면제를 샀고, 확실하게 끝내
기 위해 알약을 가루로 빻아서 입에 털어 넣었다고 했다. 그때
가 목요일 낮 2시경이었고, 약을 먹기 전에 거울을 봤는데 눈 밑
으로 죽음의 그늘이 까맣게 드리워져 있어서 분명히 죽을 수 있
을 거라 믿었다고 했다.

"실패하면 쪽팔리잖아."

선이 피식 웃었다. 진이 키득거리더니 입을 열었다.

"졸라 바보 같애. 야, 약국에서 파는 수면제는 수면제 아니야.
죽음의 그늘? 웃기고 있네. 너 못 먹어서 생긴 다크서클이야. 지
금 너, 거울 좀 봐라."

예인도 키득거리며 물었다.

"그래서 푹 잘 잤어?"

셋은 한참을 웃었다.

웃음 끝에 눈물을 닦으며 선이 일어나 창문을 열었다.

담배 연기가 화르르르 밖으로 빠져나갔다.

"이제 어디로 이사해?"

예인이 물었다.

두 팔을 뻗으며 선이 대답했다.

"가긴 어딜 가? 도망가는 것도 이제 지겨워."

선이 허공에 주먹을 날렸다.

"다시 복싱을 해야겠어."

복싱 자세로 서 있는 선의 몸은 여느 스포츠맨 못지않았다. 육체노동을 해서인지 몸에 근육이 단단했다. 팔에 불거진 알통을 찰싹, 때리며 진이 외쳤다.

"야, 너 자세히 보니까 졸라 멋지다!"

"오늘은 신나는 노래를 불러 봅시다."

아이들이 다 들어오고 소란스러운 분위기가 가라앉자 음악 선생님이 입을 열었다.

"35쪽. 라 쿠카라차"

피아노 전주가 흘렀다. 옆에 앉은 한나가 음악책을 예인이가 보기 좋게 펴 주었다.

악보 밑에 있는 참고 사항이 눈에 들어왔다.

'라 쿠카라차. 에스파냐 어로 된 멕시코 민요. '바퀴벌레'라는 뜻.'

아이들이 노래하기 시작했다.

"병정들이 전진한다. 이 마을 저 마을 지나……."

"지구상에서 가장 생명력이 강한 게 바퀴벌레지요."

'나는 내가 꾸는 꿈이다'의 꿈 선생이 말을 이었다.

"제가 만약 바퀴벌레가 나오는 꿈을 꾼다면 '아, 지금 내가 생존 본능을 발휘하고 있구나, 최소한의 생명 유지에만 힘쓰며 살고 있구나'라고 생각할 겁니다. 하지만 이것 역시 정신의 보이지 않는 어떤 요소이기 때문에, 내가 어느 삶의 부분에서 벌레처럼 구는지 잘 관찰해 볼 필요가 있습니다. 그리고 자세히 보면 모든 것은 아름답습니다. 벌레 역시 그렇습니다. 낯선 모양이어서 더 아름답기도 하지요."

'아름답다고? 말도 안 돼!'

예인은 꿈 선생의 여러 이야기 중에서 유독 벌레에 관해서는 저항이 일었다.

예인의 꿈에 나오는 벌레는 주로 거미였다. 자신의 삶을 직조하는 지혜로운 여인의 이미지라고 들었지만, 예인은 받아들일 수가 없었다. 시커먼, 다리에 털이 북슬북슬 난, 독을 가득 품고 있는 커다란 거미. 예인을 괴롭히는 거미는 칼로 찌르고 목을 베어 까마귀에게 던져 주어야 할, 결코 용서할 수 없는 적이었다. 거미에게 쫓길 때 도망가는 다리는 무겁기 짝이 없었다. 거미는 거인처럼 커다랬다.

"철커덕!"

문 잠그는 소리에 예인은 소스라치게 놀라며 꿈에서 깬다. 그리고 몸을 꼼짝할 수 없는 상태가 된다. 거미줄에 둘둘 말린 것

처럼 움직여지지 않는다. 눈동자를 굴리며 벽지와 천장을 훑어
보면서 살아있음을 느끼고, 자기 방임을 인식한다. 그다음으로
는 어렸을 때 몇 번 성당에 가서 익힌 '성모송'을 속으로 왼다.

'은총이 가득하신 마리아님…….'
중학교 1학년 스승의 날이었다.
1학년 3반 회장인 예인은 헐렁한 교복을 입고 커다란 꽃다발
을 들고 교문을 나선다.
수학 담당 1학년 3반 담임은 까만 양복을 입고 빈손으로 교
문을 나선다. 친절하다고 소문난 선생. 특히 여학생에게 친절
했으며, 예인에게도 예쁘다며 머리와 어깨, 목과 등을 쓰다듬
곤 했다.
예인은 꽃다발을 들고 5월의 쨍한 햇살 속을 걷는다. 할인마
트를 지나고 온세계 약국과 더블에스 대리점을 지난다. 건강원
을 지날 때 비릿하게 풍기는 약탕기 냄새가 역겹다고 느낀다. 그
리고 들어간 골목길. 골목 끝에 선생의 집이 있다. 집에는 아무
도 없다. 부인은 만삭이라서 친정에 갔다고 한다. 예인이 들고
있던 꽃다발을 거실 탁자에 내려놓는다.
"철커덕!"
문 잠그는 소리.
선생이 예인의 뒤로 다가선다. 헐렁한 교복 속으로 거미가 들

어온다.

충격으로 입이 벌어지지만 비명이 나오지는 않는다. 누군가 입을 틀어막고 있는 것처럼.

예인이 몸을 꿈틀거린다.

"가만있어라."

거미가 예인의 귀에 독을 주사한다.

두꺼운 갑옷을 입고 성곽을 떠돌며 유령이 되게 하는 독. 정작 복수할 대상 앞에서는 망설이게 만드는 독. 그리고 악마의 주문.

"네가 좋아."

악마의 주문은 모든 것을 흐리게 한다. 마비시킨다. 거미줄에 걸린 벌레처럼. 거미는 칭칭, 묶고 또 묶는다. 묶인 벌레는 정신을 빨리는데도 빨리는 줄 모른다. 벌레는 보이지 않는 사슬에 묶여, 질기디질긴 거미줄에 감겨 껍데기만 남게 된다.

거미가 손을 거두어도 벌레는 여전히 묶인 채다.

"비밀이다. 알려지면 어떻게 되는지 알지?"

거미가 옷을 추스르며 말한다.

거미에게 물린 자국에서 선홍색 피가 흐른다.

피를 보자 예인의 정신이 돌아온다. 아랫배에서 느껴지는 통증이 현실을 아프게 인식하게 한다. 팔을 감싸며 웅크린 예인의 눈에 거실에 걸린 결혼사진이 들어온다. 검정색 턱시도를 입은 남자와 흰색 웨딩드레스를 입은 여인이 환하게 미소 짓고 있다.

신사는 더 이상 신사가 아니다. 턱시도 역시 더 이상 친절의 상
징이 아니다. 웨딩드레스 역시 더 이상 순수의 상징이 아니다.
결혼반지가 눈에 들어왔다.

예인은 그곳을 나와 어떻게 집으로 갔는지 기억나지 않았다.
다만 집으로 가는 중간에 성당에 들러 자신에게 무슨 일이 일어
났는지 잘 몰라서 성모상 앞에서 컥컥거리며 기침을 했던 기억
은 있다. 성모상은 뱀을 밟고 있었다.

예인은 혼자서 상처를 치유했다.

담임은 학교에서 '친절남'과 '품절남'으로 통했기에 예인이 '당
했다'고 하면 아무도 안 믿을 것 같았다. 더 믿을 수 없는 일은
그날 이후 담임이 아무 일도 없었던 것처럼 뻔뻔했으며 자신을
투명인간 취급한다는 것이었다.

"은총이 가득하신 마리아님……."

가위에 눌린 상태에서 예인은 입속으로 노래를 했다.

그러고 나면 손끝부터 천천히 움직여졌다.

"라 쿠카라차 라 쿠카라차……."

아이들이 입을 방긋거리며 노래했다.

경쾌한 음에 비해 어울리지 않는 제목이었다.

누군가에게는 현실이 악몽일 거라는 꿈 선생의 말이 떠올랐다.

그 말에 예인은 뭉클했다.

"……오늘 악몽의 내용과 아픈 상처를 용기 있게 표현한 5691
님께 감사와 존경을 전합니다. 제가 드릴 수 있는 말은 이겁니
다. 애벌레에서 나비로 가는 중간 단계에서 우리는 악몽을 꾸곤
합니다. 그것은 자신의 고민과 상처를 바로 보고 위로하며 사랑
해 주라고 오는 신의 메시지입니다. 신은 나쁜 포장지로 싸서 선
물을 줍니다. ……이상으로 '악몽의 또 다른 얼굴' 시간이었습니
다. 다음 시간은……."

'용기 있게 표현한 5691님께 감사와 존경을.'

감사와 존경을 표현하는 말에서 눈물이 흘렀었다.

예인은 그 말들을 잊지 말아야겠다고 다짐했다.

음악실을 둘러보았다. 아이들이 병아리처럼 노래했다.

예인도 노래를 부르기 시작했다.

"…… 아름다운 그 얼굴 라 쿠카라차 라 쿠카라차……."

소금 사막

김혜수

1교시 사회 시간이다.

"자리가 많이 바뀐 것 같군요."

바다가 뒷문으로 들어오며 말했다.

어제 중간고사 성적이 발표됐는데 나는 4등이 올라 24등이 되었다. 그래서 복도 쪽 줄 앞에서 네 번째 책상에 앉는다. 아침에 앞문에 붙은 좌석 배치도를 보았다. 개학 날 공지한 대로 전교 등수도 써 있었다. 깜짝 놀란 것은 한나가 2등이라는 것이다. 전교 등수로는 22등. 또 놀란 것은 김승기가 26등이라는 것이다. 전교 등수로는 386등. 김승기는 뒷문 바로 앞 책상에 앉아 있다. 전에 신예인이 앉던 자리다. 좀 재미있다. 승기 앞에 예인이, 예인이 앞에 나. 이렇게 같은 줄에 앉아 있다. 예인이란 애는 노래 부르는 걸 좋아하는 모양이다. 쉬는 시간에 혼자 흥얼거리며 부르곤 하더니 얼마 전에 음악 동아리에 든 것 같다. 동아리 아이들이 우리 반에 와서 예인과 종종 수다 떨다 가곤 한다.

"그래도 여전히 자기 자리를 꿋꿋이 지키고 있는 사람도 있군요."

바다가 강지성을 보며 말했다.

아이들이 웃는다. 지성은 창가 쪽 맨 뒷자리 31등 그대로다. 오늘도 물구나무선 채 수업하고 있다. 지성은 지난달부터 똑바로 설 수 없다고 했다. 병원에 가느라 결석도 몇 번 했는데 치료가 되지 않는 모양이다. 새까만 퓨마처럼 날쌔게 달렸는데. 축구공을 왼발 오른발 어깨 가슴 허벅지에 올렸다 받았다 하는 모양이 자석이 붙었다 떨어졌다 하는 것처럼 신기해 보였는데. 축구말고도 몸으로 하는 건 다 잘했는데. 잘하는 걸 할 때가 가장 행복하댔는데……. 지성은 잘하는 걸 할 수 없으니 불행할까? 앞으로 지성이가 달리는 모습을 볼 수 없는 걸까?

바다가 컴퓨터 전원을 켜며 말한다.

"오늘은 영상을 보며 수업을 하겠습니다."

칠판 옆에 파란색 윈도우 사막이 펼쳐졌다. 바다가 유에스비를 꽂았다.

"띠링"

소리가 나더니 파일들이 나타났다. 수십 장의 그림 파일들이다. 우유니호수.jpg, 소금호텔.jpg, 어부의섬.jpg, 돌나무.jpg,

콜로라다호수.jpg, 플라밍고.jpg, 약이되는독.jpg…….

"이미 공부해서 알다시피 볼리비아에 있는 우유니 사막은 소금 사막으로 유명하지요. 최근 이곳에 많은 나라들이 관심을 가지기 시작했습니다. 리튬이라는 자원 때문이지요."

바다가 우유니호수.jpg 파일을 클릭한다.

"와아!"

아이들 입에서 탄성이 흘러나온다.

하늘과 땅이 맞닿아 있다. 위아래가 데칼코마니처럼 펼쳐졌다. 파란색과 흰색 물감을 짠 다음 가로로 접었다가 펼친 것처럼 땅도 하늘이 되어 있다. 새파란 하늘과 하얀 뭉게구름이 땅에 깔려 있다. 저기를 걷는다면 하늘을 걷는 기분일 거다. 자세히 보니 수평선을 가르며 지나는 지프차도 보인다. 지프차는 뭉게구름 위를 달리며 동시에 거꾸로도 달리고 있다.

"우기 때 내린 비가 증발하고 물이 얕게 깔리면 사막은 거울이 됩니다. 이렇게 하늘을 고스란히 담아내지요. 우유니는 아주 오래전에 바다였어요. 지각 변동으로 바닷물이 갇히게 됐지요. 고립된 바닷물은 오랜 시간 증발하고 증발해 소금만 남게 됐고요. 그렇게 해서 소금 사막이 형성된 겁니다."

"선생님!"

뒤에서 목소리가 들렸다. 김승기다.

바다가 '왜?' 하는 표정으로 본다.

"수행평가 기준을 알려 주십시오."

교실이 술렁거린다.

불만이 많은가? 나는 불만 없는데. 50점으로 만점 받았다.

바다는 눈을 깜빡이며 생각하더니 입을 연다.

"김승기는 영점……. 그래, 기억이 나. 승기는 교과서 내용만 요약했지. 승기 생각은 한 문장도 없었어. 문제가 자원에 대해 자기 생각을 서술하라는 거잖아. 자기 생각에 밑줄까지 쳐서 강조했는데 말이야."

승기를 보며 말했다

빵점이라고? 전교 1등도 했던 김승기가? 학교 선생님들도 좋아하고, 엄친아라는 별명으로 친구들의 시기심을 사는 김승기가? 그러면 사회 객관식 문제를 다 맞혔다 해도 50점이다. 등수가 급하락한 이유를 알 것 같다. 가슴에서 물이 쏴 내려가는 소리가 들리는 듯하다.

6학년 때다.

나는 엄마한테 졸라서 과학 학원을 등록했다. 그 학원은 국어, 영어, 수학, 논술, 사회, 과학까지 여섯 과목을 가르친다. 나는 국영수논사과 중 과학만 등록했다. 들어갈 때 테스트를 받았는데 A반이 되었다. 수준별로 A, B, C, D, E, F 여섯 반으로 나누는데, 내가 최상위 반이라서 나도 놀랐다.

어느 날 '빛'에 관해 세 가지 실험을 했다. 처음에는 바늘구멍 사진기를 만들어 물체를 관찰하는 거였고, 두 번째는 다섯 명이 거울 앞에 서서 빛이 거울에 반사되는 모습을 지켜보는 거였다. 빛은 직선으로 뻗다가 거울에 반사되면서 어떤 위치에 서 있느냐에 따라 빛이 보이기도 하고 안 보이기도 했다. 친구들은 그 사실이 당연하다고 했지만, 나는 이상하고 신기하게 여겨졌다.

거울은 사물을 흡수하고 자기 식대로 반사시키는 거다. 있는데도 안 보이게 한다든지 크기나 방향을 굴절시키거나, 사물의 좌우나 위아래를 바꾸면서 말이다. 나는 그것이 재미있었다. 보이는 게 다가 아니라는 것, 보이는 것 너머에 뭔가 있다는 것이 신기했다.

세 번째 실험은 잠망경 만들어 관찰하기였다.

잠망경은 빛을 반사시키는 성질을 이용하여 물속에서 물 밖을 볼 수 있게 만든 물건이다. 잠망경 안에는 두 개의 거울이 있는데, 거울 하나에 거꾸로 비친 사물이 다른 거울에 또 거꾸로 비치면서 똑바로 볼 수 있게 한다. 거꾸로 된 걸 또 거꾸로 해서 원래 모습이 보이는 거다.

나는 30센티미터가 안 되는 잠망경을 눈에 대고 창밖을 내다보았다. 내 키보다 높아서 그냥은 볼 수 없는 창이었다. 맞은편에 있는 학원이 보였다. 간판과 창문들. 안에 있는 학생들이 보였다. 꼬물꼬물 움직이며 소리 없이 떠들어 대는 물고기로 보였다. 수족관을 들여다볼 때처럼.

나는 깊은 물속, 캄캄한 심해에 잠수함을 타고 내려간다.

잠수함 주위로 물고기들이 떠돈다. 기괴하게 생긴 심해어들이 있다. 몸이 납작한 눈 없는 물고기가 바닥에 깔려 있고, 야광 풍선 같은 해파리가 폴폴 날아오르고, 보석처럼 반짝이는 작은 물고기들이 은하수처럼 몰려 지나간다. 나는 빛 하나 없는 곳에서 어둠을 몰아내는 물고기들을 본다.

그때 나는 우주에 있는 기분이었다. 바다는 우주였으며, 잠수함은 우주선이었다. 유리처럼 투명한 우주선. 나는 나중에 심해나 우주를 연구하는 일을 해 보고 싶었다. 기분이 좋았다. 잠망경을 통해 기쁨을 만끽하고 있을 때였다.

"반갑다, 친구야!"

뒤통수가 아팠다. 동시에 신비했던 광경은 사라졌다. 나는 머리를 만지며 돌아보았다.

내 앞에 얼굴이 하얀 남자애가 서 있었다. 처음 보는 애였다. 그 아이는 내 얼굴을 보더니 아무렇지도 않게,

"어? 아니네."

하고 얼버무리며 돌아섰다.

나는 화를 낼 수 없었다. 잘못 보고 그런 걸 어떻게 화를 내?

그런데 그 애가 손가락으로 브이 자를 만들며 나가는 게 눈에

들어왔다. 출입문 앞에서 구경하던 아이들이 키득거렸다. 걔네들이 속닥이며 하는 말과 행동을 보고 그제야 놀이었다는 것을 알았다. 나는 말 한마디 못 했다. 휴지통에 처박힌 기분이었다.

뒤통수를 때린 그 아이가 김승기라는 건 나중에 알았다. 김승기는 B반이었다.

학원에 들어갈 때 A반이었던 나는 6개월이 지나 그만둘 때는 F반이었다.

생각해 보면 나는 과학 말고도 공부를 꽤 했던 것 같다. 그런데 그날 이후 집중이 잘 안 됐다. 기름 발린 미끄럼틀을 올라가듯 공부는 힘겹기만 했고, 성적은 죽죽 떨어지기만 했다.

'승기 자식! 복수할 거야.'

나는 승기보다 잘하고 싶어서 열심히 공부했다. 그런데 집중하려 하면 이상하게 자꾸 주위를 둘러보게 된다. 책 읽기를 좋아하는 엄마는,

"책상 앞에 앉아 있기만 하면 뭐하니? 집중해야지. 집중하고 몰두할 때 머리에서 기분 좋아지는 물질이 나오는 거 몰라?"

나도 잘 안다. 뭔가에 몰두할 때 뇌에서 좋은 물질이 분비되어 기분도 좋고 머리도 좋아진다는 것을. 하지만 내가 불안하고, 산만해지는 이유를 엄마한테 잘 설명할 수가 없었다.

"수행평가 기준은 첫째, 자기 생각을 쓰는 것이고 둘째, 자원

에 대해 평소에 얼마나 생각해 봤는지를 보는 것이었습니다. 어떤 친구는 교과서에 나온 자원에 대해 자기 생각을 썼고, 또 어떤 친구는 자기가 생각하는 자원에 대해 쓰기도 했어요. 엉뚱하고 재미있는 생각들이었어요. 대부분 48점 이상을 줬습니다."

술렁이던 교실이 잠잠해진다.

"사실 고민했어. 영점 처리한 게 마음에 걸렸거든. 교과서를 다 외운 것 같고 열심히 많이 썼는데 말이야."

반말이라 친근했지만 어쩐지 침울하게 들린다. 바다는 승기를 물끄러미 바라보며 계속 말한다.

"나는 학생들의 생각을 알고 싶었어. 승기 생각을 읽고 싶었던 거지 교과서 내용을 다시 읽고 싶은 건 아니었어. 너에게 너의 자원은 뭔지 알아보라고 하는 의도로 낸 문제였거든. 그래서 영점 처리하지 않을 수 없었어. 적당히 점수를 주면 전에 했던 방식대로 그냥 앵무새처럼 외우기만 할 테니까."

바다는 몇 초 쉬었다가 침을 삼키고는 입을 연다.

"그래도 미안하다. 네게 상처를 준 것 같구나."

나는 인간을 믿지 않는다. 선생님의 말은 더욱 믿지 않는다. 한나는 내가 회의적인 사람이라고 했다. 난 감동 같은 것도 잘 못 느낀다. 영화나 드라마, 책을 보면서 누가 슬프다고 울어도 나는 아무렇지 않았다. 그런데 바다의 말이 내 마음을 흔드는 것 같다.

내가 아는 선생님은 잘못해도 잘못을 인정하지 않는 사람이었고, 오히려 학생 잘못으로 돌리는 사람들이다. 지금까지 그렇게 하는 걸 많이 봤다. 그런데 바다는 별로 잘못한 것 같지도 않은 데 미안하다고 한다.

문득 학원 버스에서 김승기가 했던 말이 떠오른다.

"우리 엄마 아빠는 백 점을 맞으면 당연하다고 해. 한두 개 틀리면 왜 틀렸냐고 엄청 야단쳐. 다 맞은 사람도 없고 내가 제일 잘한 거라고 해도 안 들으셔. 잘한 건 못 보고 못한 것만 본다니까."

일부러 들으려고 한 것은 아니었다. 그냥 귀에 들어왔다.

반갑다 친구야 사건 이후 승기만 보면 나도 모르게 신경이 그 쪽으로 쏠렸다.

그때 학원에서 승기는 국영수논사과 중에서 한 과목만 B반이 었고 나머지는 다 A반이었다. 어쩌면 승기는 과학만 B반이 돼서 야단맞았을지도 모르겠다. 그래서 화가 나서 A반에 왔다가 잠망경에 몰두하고 있는 내 모습을 보며 분풀이로 때렸는지도. 엄마 아빠를 때릴 수는 없으니까. 갑자기 뒷자리에 앉은 김승기 얼굴이 궁금해진다.

"이왕 이야기가 나온 김에 수행평가에 대해 더 말해 봅시다. 불만 있거나 궁금한 거 있으면 말하세요. 이 학급은 50점 만점이 네 명 있어요. 손 들어 보세요."

앞에 앉은 아이들이 두리번거린다.

한가운데 앉은 1등도 둘러본다. 만점이 아닌 모양이다. 내가 1등보다 잘한 거다. 나는 자랑스럽고도 쑥스러워서 손을 반쯤 들었다.

"이 친구들은 자원에 대해 독특한 자기만의 생각이 있었어요. 우선 상현이부터 말해 보세요. 뭐라고 썼죠? 그냥 앉아서, 친구들을 보며 말하세요."

상현이가 앉은 채로 몸을 돌렸다.

"저는……각자 가진 경험이 자원이라고 썼습니다."

담담하고 목소리도 크다. 의외다. 발표하는 걸 처음 본다. 얼굴은 빨개져있다.

"누군가를 사랑하고 사랑받는 경험뿐 아니라 헤어지고 미워하고 슬퍼하는, 안 좋은 경험들도 결국은 자기를 성장시키는 데 유용하게 쓰이는 자원이라고 생각합니다."

바다가 고개를 끄덕인다.

상현은 더 말할 의향이 없는지 몸을 돌려 똑바로 앉는다.

"다음은 라 쿠카라차가 말해 보세요. 승기야, 예인이 좀 깨워라."

바다가 웃으며 내가 있는 뒤쪽을 가리킨다.

뒤에서 기척이 느껴진다. 승기가 앞에 앉은 예인이의 어깨를 찔렀을 것이다. 개학 날 바다가 각자 별명을 정하라고 했는데, 지난주 사회 시간에 예인은 자기를 '라 쿠카라차'로 불러 달라 했다.

"저는……."

목에 가래 같은 게 꽉 찬 것처럼 아저씨 목소리가 난다. 아이들이 킥킥거리며 웃는다.

"너 담배 좀 적당히 피워라. 목소리가 그게 뭐니? 노래하는 애가."

바다가 눈은 째려보면서 입가에는 친근한 웃음을 띠고 있다.

교실 분위기가 밝게 출렁인다. 뒤에서 큼큼, 목을 가다듬는 소리가 난다.

"저는 좋은 자원이나 나쁜 자원 같은 건 없다고 썼어요. 자원은 다 좋은 거라고요. 옛말에 개똥도 약에 쓰려면 없다고 했잖아요? 개똥도 자원인 거죠. 또 좋은 자원도 장소에 따라 아무짝에 소용없는 게 될 수 있어요. 황금도 개똥보다 못한 게 될 수 있거든요. 무인도 같은 데서 개똥은 거름으로라도 쓰죠. 금을 얻다 쓰겠어요?"

예인이가 얘기할 때마다 아이들이 킥킥댄다. 개똥개똥 해서 그런가?

바다가 빙긋이 웃으며 말한다.

"비유를 든 속담은 평소에 하찮은 것도 소중히 여기자는 뜻이지요. 자, 그럼 다음 선수는?"

바다가 나를 본다.

갑자기 심장이 발작하듯 뛴다. 이렇게 떨리다니. 아까는 아무렇지 않았는데.

"저는 뭔가를 하고 싶은 마음이 자원이 된다고 했습니다."

목소리가 너무 작은 것 같다.

바다가 고개를 끄덕인다. 나는 용기를 내 목소리를 키운다.

"저는 꿈이 없었습니다. 뭘 하고 싶은지, 장래에 어떤 일을 하며 살고 싶은지. 뭘 먹고 싶어 하는지도 몰라서 식당에서 제 스스로 메뉴를 고를 때도 어려웠습니다. 그런데 사회책에 있는 '약이 되는 독'을 읽고 이런저런 생각을 했습니다. 그걸 썼는데요. 그러니까, 아픈 사람을 치료하고 수술할 때 쓰이는 모든 약이 사실은 독이라고 배웠습니다. 같은 독이라도 안 아픈 사람에겐 독이지만 아픈 사람에게는 약이 된다고 말입니다. 그러면 만약 어떤 사람이 독을 먹는다면, 독을 먹어서 낫는 걸 느낀다면 그 사람은 아픈 거라고 짐작할 수 있습니다. 만약 술이나 게임이 독이라고 가정한다면, 그것을 하는 사람은 아픈 사람이라고 추측할 수 있습니다. 그것을 할 때는 안 아프니까요. 그럴 때 그것은 약이 될 겁니다. 그런데 안 아픈데도 계속 그 약을 먹는다면 심각해질 것입니다. 중독이 될 것입니다. 독을 약이라고 생각하며 계속 먹는 것도 문제지만 더 큰 문제는 자신이 아프다는 걸 깨닫지 못한다는 것입니다. 이런 생각들을 하다가 문득 '내가 하고 싶은

게 이거구나' 했습니다. 저는 독에 대해 연구하는 일을 하고 싶어 졌습니다. 그래서 하고 싶은 마음이 바로 자원이구나 했습니다."

나는 거기까지 말하고 입을 다문다. 썼던 걸 잘 말했는지 모르겠다. 너무 길게 이야기한 것 같다. 바다는 흐뭇해하는 표정이다. 나는 파랗게 빛나는 소금 사막을 바라보며 미래의 내 모습을 떠올려 본다.

'독 연구가 김혜수'

나는 흰 가운을 입고 있다. 실험실. 수십 개의 투명한 집기병에 독을 가진 동식물이나 물체가 담겨 있다. 독사, 독거미, 독나방, 독도마뱀, 전갈, 해파리, 부패 중인 통조림……. 나는 전갈 한 마리를 잡고 꼬리에서 독을 채취한다. 유리판에 담아 현미경으로 보고 기록한다. 책과 종이 뭉치가 잔뜩 쌓인 방에서 보고서를 작성한다. 어떤 사람은 엉뚱하고 말도 안 되는 연구를 한다고 할지 모른다. 그래도 나는 독자적으로 내 일을 계속한다. 나는 독립적인 아이니까.

"얘는 누굴 닮아 고집이 센지 몰라. 선생님이 그러는데 너무 독립적이라서 시키는 대로 안 한대. 은근히 가르치기 어렵다 하더라고."

"이 고양이 같은 녀석!"

엄마 말에 아빠는 그렇게 말했다. 아빠 입가에 웃음이 보석처럼 반짝였다.

"또 만점 받은 사람 한 명 더 있을 텐데?"

아무도 손 든 사람이 없다.

"저……."

뒤에서 나는 소리다. 강지성이다.

"저……상현이 말한 경험이랑 비슷한 것 같은데……상처가 자
원이라고……."

한참 동안 말이 이어지지 않는다.

바다는 잠시 기다렸다가 말한다.

"그래, 지성아. 다양한 경험 안에 상처가 포함되지."

"저도……정했어요. 나무……요."

목이 눌려서 그런지 지성이 음성이 소나무처럼 굵직하다.

나도 별명을 정했다. 고양이, 빨간 고양이.

"나무는 해마다 나이테를 만들지요. 그 나이테로 나무의 나이
를 짐작합니다. 나이테가 사실은 큰 상처예요. 태양과 비와 벌
레들이 친구이기도 하지만 적이기도 하니까요. 적들로부터 무
수히 많은 공격을 받고 이겨 내서 만들어진 게 나이테예요. 상
처의 흔적이지요. 상처를 이기지 못하면 나무는 더 자라지 못했
을 겁니다."

역시 선생님이다. 뭐든지 교훈을 찾아내 알려 준다.

"자, 그럼 오늘 수업을 계속해 볼까요."

바다가 소금호텔.jpg 파일을 클릭한다.

원뿔 모양의 소금 산 옆에 작은 집이 하나 보인다.

"소금으로 만든 집이에요. 벽이며 지붕, 침대, 탁자, 의자 모두 소금이랍니다. 여기서 자고 일어나면 소금에 절여져 있을 거예요."

웃기려고 한 말인 것 같은데 아이들은 웃지 않는다. 농담이 아니고 진짜로 소금에 절여질 것 같다. 생각만 해도 입이 짜고 쓰다. 한나가 했던 말이 생각난다.

"우리는 소금이야."

맛을 내는 데 꼭 들어가야 하는 소금처럼 우리가 소중한 존재라는 뜻일 거다. 그런데 나는 그 말이 어쩐지 우리가 소금처럼 짜고 쓴, 지독한 존재라고 말하는 것 같다. 인간은 짜고 쓰고 지독한, 그러면서도 소중한 존재인가?

한나가 손을 드는 게 보인다. 바다가 고개를 끄덕인다.

"저도 별명을 정했어요. 울프요."

"울프? 그래, 늑대 좋지요. 늑대에 관해서도 많은 편견을 가지고 있는데. 사실은 잔인하지도 않고 인간에게 아주 이로운 동물이에요. 온몸으로 영혼의 노래를 부르는, 야성적이며……."

뒤에서 이상한 소리가 들린다. 앓는 소리 같다. 신음 소리 같기도 하고. 여기저기서 수군거리는 소리 때문에 잘 들리지 않는다. 너도나도 자기 별명을 정하는 중인 것 같다.

바다는 손짓으로 조용히 시킨다. 잠잠해진다.

"정말로……상처가……자원이……될 수 있을까요?"

바다는 아무 말도 없다.

알 수 없는 표정이다. 안타까워하는 것도 같고 격려하는 것
도 같다.

"ㅇㅇㅇㅇ……."

아이들이 하나둘씩 지성을 돌아본다. 나도 고개를 돌려 지성
을 본다.

까만 퓨마 같던 지성은 나무가 되고 있다. 팔은 굵은 나무둥
치다. 머리는 지구 땅 깊은 곳으로 뿌리를 내리는 중이다. 눈을
감은 지성. 감은 눈에서 눈물이 흐른다. 이마를 적시며 흘러내
린다. 흘러내린 눈물은 소금이 되겠지. 소금에 소금을 더해 사
막이 되겠지. 거울처럼 맑은 소금 사막에 파란 하늘을 담아내겠
지. 지성의 말은 대답을 들으려는 질문 같지는 않다. 그냥 다짐
같은 것. 일종의 주문 같은 것. 상처나 좌절에 굴하지 않겠다는.
짜고 쓰고 지독한, 그러면서 소중해지겠다는.

"띠링."

바다가 유에스비를 빼고 컴퓨터 전원을 끈다.

교단을 내려와 책상 사이를 걷는다. 아이들이 바다를 바라본
다.

오감도(烏瞰圖)

- 이상 -

시 제 1 호

13인의아해(兒孩)가도로로질주하오.
(길은막다른골목이적당하오.)

제1의아해가무섭다고그리오.
제2의아해도무섭다고그리오.
제3의아해도무섭다고그리오.
제4의아해도무섭다고그리오.
제5의아해도무섭다고그리오.
제6의아해도무섭다고그리오.
제7의아해도무섭다고그리오.
제8의아해도무섭다고그리오.
제9의아해도무섭다고그리오.
제10의아해도무섭다고그리오.

제11의아해도무섭다고그리오.

제12의아해도무섭다고그리오.

제13의아해도무섭다고그리오.

13인의아해는무서운아해와무서워하는아해와그렇게뿐이모였소.

(다른사정은없는것이차라리나았소.)

그중에1인의아해가무서운아해라도좋소.

그중에2인의아해가무서운아해라도좋소.

그중에2인의아해가무서워하는아해라도좋소.

그중에1인의아해가무서워하는아해라도좋소.

(길은뚫린골목이라도적당하오)

13인의아해가도로로질주하지아니하여도좋소.

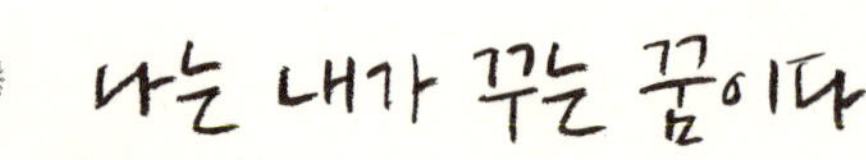# 나는 내가 꾸는 꿈이다

2013년 성탄절 아침에 '고니'라는 단어 하나가 꿈으로 올라왔다.

그 단어는 나의 또 다른 이름이 되었다.

이름의 의미를 몰라도 나는 그 이름이 내 이름이라는 것을 알 수 있었다.

그리고 1년이 지난 2014년 12월 24일에 '고니'를 만났다.

고니는 아프리카의 현악기였다.

고니에서 숲 속을 거니는 바람 소리와 계곡을 달리는 물소리가 흘러나
왔다.

'그리오'라는 아프리카 청년이 고니를 켰다.

그는 이야기꾼이자 음악가였다.

내 꿈에서 함께 먹고 춤추던 청년이었다.

꿈은 꿈이다. 그리고 꿈은 꿈이 아니다.

꿈은 실체적인 현실로 다가와 꿈의 존재를 드러낸다.

꿈과 현실을 사는 인간은 어떤 존재일까?

당신은 어떤 존재이고 싶은가?

인간은 '두카', 고통으로 이루어진 존재라고 한다.

이 말이 가슴에 와 닿는다면,

당신의 고통은 보석이 될 것이다.

고통을 보석으로 변환시키는 이는

부모님도 선생님도 친구도 연인도 아니다.

바로 '나'가 하는 것이다.

내 안에 있는 '그것'.

당신의 꿈이며 신이며 우주인 그것.

그것이 바로 당신이다.

몸으로 이루어진 인간의 세계에서 신과 연결된 세계로,

더 나아가 우주적 세계가 곧 나라는 인식을 품은 존재.

그것이 곧 '나'다.

나와 너, 우리와 자연을 합하고

보이지 않는 모든 것까지 아우른 존재.

오늘은 '나'를 찾아가는 여정이다.

내가 지나온 고통들이 '나'를 찾아가게 한다.

고통이 보물 지도다.

지도를 따라가다 보면 보물이 있는 곳을 아는 난쟁이를 만날 것이다.

난쟁이 혹은 도깨비나 정령, 때론 벌레나 도적들.

그들은 보물 장소를 쉬이 알려 주지는 않는다.

그러나 내가 나의 주인임을,

고통과 상처와 눈물로 얼룩진 내 삶이 내 것이라는 것을 천명할 때

그들은 강아지처럼 보물 장소를 알려 준다.

내게 '이야기'는 보물 장소다.

나의 이야기, 나의 상처, 나의 눈물을 당신에게 들려준다.

그리고 이제는 가슴에서 소망이 꿈틀거린다.

내 이야기가 음악이 되었으면 하는,

숲을 거니는 바람 소리가 되었으면 하는,

계곡을 달리는 물소리가 되었으면 하는,

이제는 내 것이 아닌,

당신에게 보석이 되었으면 하는 소망이 꿈틀거린다.

내 몸을 통해 이야기를 나오게 하신 하느님께 감사를 드린다.

2015년 2월

고니 김순정

나를 찾아가는
징검다리 소설

십삼인의 아해

초판 인쇄 2015년 3월 20일
초판 발행 2015년 3월 30일

지은이   김순정

펴낸이   황호동
편집   이주현 · 김민경
디자인   민트플라츠 송지연
펴낸곳   (주)생각과느낌
주소   서울시 마포구 성지길36 3층
전화   02-335-7345~6
팩스   02-335-7348
전자우편 tfbooks@naver.com
등록   1998.11.06 제22-1447호

ISBN 978-89-92263-29-0 (43810)